Fokus Mathematik

Intensivierung Mathematik 6

Gymnasium Bayern

Erarbeitet von
Maria Franke, Stephanskirchen

Redaktion: Christina Schwalm
Grafik: Christine Wächter, Berlin
Umschlaggestaltung: Hans Herschelmann
Layout: Uwe Rogal, Berlin

www.cornelsen.de

1. Auflage, 4. Druck 2011

© 2007 Cornelsen Verlag, Berlin

Druck: CS-Druck CornelsenStürtz, Berlin

ISBN 978-3-464-54171-5

 Inhalt gedruckt auf säurefreiem Papier aus nachhaltiger Forstwirtschaft.

Inhaltsverzeichnis

Bruchteile und Bruchzahlen

Bruchteile und ihre Veranschaulichung

Einen Teil eines Ganzen nennt man auch **Bruchteil**. Bruchteile können durch **Brüche** dargestellt werden.

Ein Bruch besteht aus einem **Bruchstrich**, dem **Zähler** darüber und dem **Nenner** darunter. Dabei „benennt" der Nenner, in wie viele gleich große Teile das Ganze geteilt wurde. Der Zähler „zählt" diese Teile.

Anschaulich darstellen lassen sich Bruchteile gut an Strecken und Flächen, vor allem mit einem **Rechteckdiagramm** oder einem **Kreisdiagramm**.

Ist ein Bruch bekannt, so kann man damit den Bruchteil eines Ganzen berechnen oder umgekehrt das zu einem Bruchteil gehörige Ganze.

Beispiele:

Bruchteil berechnen:

$\frac{2}{5}$ von 10 g sind

$(10\,g : 5) \cdot 2 = 4\,g$

Das Ganze berechnen:

4 g sind $\frac{2}{5}$ von

$(4\,g : 2) \cdot 5 = 10\,g$

1 Teile die Strecken ohne Hilfsmittel in 5 (A), 7 (B) bzw. 12 (C) gleich große Teile. Kontrolliere durch Nachmessen, wie exakt du die Teile eingezeichnet hast.

```
            A                              B
|——————————————————————|        |————————————————————|
                        C
|—————————————————————————————————————————————————————|
```

2 a) Welcher Bruchteil eines Quadernetzes ist hier zu sehen?

_____

   b) Berechne den Oberflächeninhalt des Quaders.

_____

3 a) Wie viel Minuten sind $\frac{5}{9}$ von 3 Stunden?

_____

   b) $\frac{17}{24}$ einer Strecke sind 595 cm. Wie lang ist die Strecke in dm?

_____

   c) Wie viel Kilogramm sind $\frac{7}{16}$ von 3 Tonnen?

_____

4 Welcher Bruchteil fehlt dem Körper (mindestens) zu einem Quader?

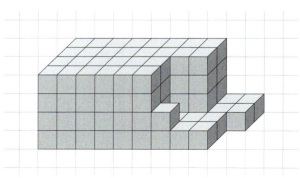

_____

_____

_____

_____

5 Ungefähr drei Viertel der Erdoberfläche sind von Wasser bedeckt.
Der Oberflächeninhalt der Erde beträgt $51 \cdot 10^7$ km².

_____

_____

6 Herr Huber hinterlässt fünf Erben zu gleichen Teilen einen größeren Betrag.
Sein Sohn David behält nichts von dem Geld für sich, sondern gibt es weiter an seine
drei Kinder: Jedes Kind erhält 8 461 Euro.

   a) Welchen Bruchteil des Erbes haben die Enkel erhalten?

   _____

   b) Wie viel hat Herr Huber insgesamt vererbt?

   _____

Tipp:

Ermittle zuerst die Anzahl
aller Schüler.

7 Nach den Sommerferien berichten alle
Schülerinnen und Schüler der Klasse 6b,
ob und wohin sie in den Urlaub gefahren
sind. Zehn Mal lag das Reiseziel innerhalb Deutschlands. Zusammen erstellt die
Klasse ein Kreisdiagramm aller Urlaubs-
länder. Bestimme für jedes Urlaubsland
die Anzahl der Schülerinnen und Schüler,
die das Land besucht haben, und den ent-
sprechenden Bruchteil der Klasse.

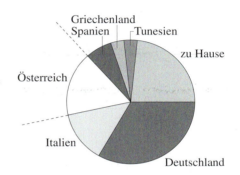

_____

_____

_____

8 Wie verbringt ihr euren Tag? Überlegt zu zweit, wie viel Zeit ihr an einem normalen
Wochentag ungefähr mit Tätigkeiten wie Schlafen, Essen, Schule, Hausaufgaben,
Sport, Fernsehen etc. verbringt.
Bestimmt gegenseitig die Bruchteile, die die verschiedenen Tätigkeiten von den
24 Stunden eines Tages einnehmen. Zeichnet dazu ein Kreisdiagramm auf euren
Block.

_____

_____

9 **Bist du noch fit?**
Gib für die Zahl 360 die Primfaktorzerlegung an und bestimme alle Teiler.

_____

_____

10 **Taktik-Spiel zu zweit:**
Legt vor euch auf den Tisch neun Stifte und bestimmt einen Startspieler. Wer dran ist,
muss ein, zwei oder drei Stifte wegnehmen. Wer den letzten Stift nimmt, verliert.

Kürzen und Erweitern von Brüchen

Bruchteile eines Ganzen können durch verschiedene wertgleiche Brüche dargestellt werden. Diese Brüche erhält man durch **Kürzen** oder **Erweitern**.
Beim Kürzen eines Bruches werden Zähler und Nenner durch dieselbe natürliche Zahl dividiert, beim Erweitern werden beide mit derselben natürlichen Zahl multipliziert.

Jeder Bruch kann beliebig erweitert werden. Kürzen kann man nur so lange, bis Nenner und Zähler keine gemeinsamen Teiler außer 1 mehr besitzen. Der Bruch heißt dann so weit wie möglich gekürzt (oder **vollständig gekürzt**).

Beispiele:

Kürzen:
$$\frac{14}{21} = \frac{14:7}{21:7} = \frac{2}{3}$$

Erweitern:
$$\frac{2}{5} = \frac{2 \cdot 6}{5 \cdot 6} = \frac{12}{30}$$

1 **a)** Zeichne ein Rechteck, bei dem der Bruchteil $\frac{3}{5}$ eingefärbt ist. Dein Partner soll an diesem Rechteck die Erweiterung von $\frac{3}{5}$ auf $\frac{12}{20}$ grafisch darstellen.

  b) Zeichne einen Kreis, an dem der Bruchteil $\frac{4}{12}$ eingefärbt ist. Dein Partner soll daran das Kürzen mit 4 grafisch darstellen.

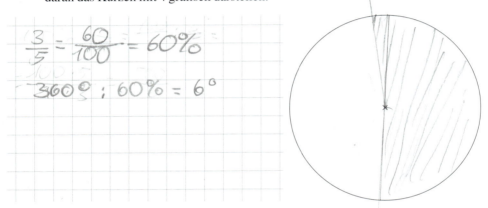

$$\frac{3}{5} = \frac{60}{100} = 60\%$$

$$360° ; 60\% = 6°$$

2 Je zwei Brüche sind wertgleich:

$$\frac{8}{11} \,\hat{=}\, \frac{88}{121} \; ; \quad \frac{3}{7} \,\hat{=}\, \frac{18}{42} \; ;$$

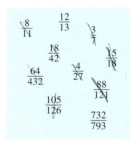

$$\frac{8}{11} \qquad \frac{12}{13} \qquad \frac{3}{7}$$
$$\frac{18}{42} \qquad\qquad \frac{15}{18}$$
$$\frac{64}{432} \qquad \frac{4}{27}$$
$$\frac{105}{126} \qquad \frac{88}{121}$$
$$\frac{732}{793}$$

$$\frac{27 \cdot 27}{54}$$
$$\frac{489}{729}$$

3 Philipp benötigt für den Schulweg eine Viertelstunde, Ulli ist 780 Sekunden unterwegs. Nina braucht für die Strecke zur Schule $\frac{9}{54}$ einer Stunde und während Jan zur Schule fährt, bewegt sich der große Zeiger der Uhr um 72° weiter. Wer braucht am wenigsten Zeit für seinen Schulweg?

4   **a)**   Welche Bruchteile des Musters sind jeweils weiß, schwarz, gestreift und gepunktet? Kürze so weit wie möglich. *24*

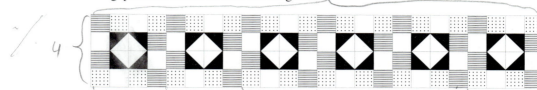

4 · 24 = 96

gestreift = $\frac{24}{96} = \frac{6}{24} = \frac{1}{4}$

gepunktet = $\frac{24}{96} = \frac{6}{24} = \frac{1}{4}$

$\frac{24}{96}$

4

b)   Wie kann man anhand des Musters die Erweiterung eines Bruches erklären?

_____

_____

5   Die Brüche wurden schrittweise gekürzt bzw. erweitert. Fülle die Lücken:

a) $\dfrac{42}{56} = \dfrac{21}{\rule{1cm}{0.4pt}} = \dfrac{\rule{1cm}{0.4pt}}{4}$ **b)** $\dfrac{9}{14} = \dfrac{\rule{1cm}{0.4pt}}{42} = \dfrac{216}{\rule{1cm}{0.4pt}}$

c) $\dfrac{12}{23} = \dfrac{\rule{1.5cm}{0.4pt}}{} = \dfrac{\rule{1.5cm}{0.4pt}}{} = \dfrac{792}{1518}$ **d)** $\dfrac{525}{1365} = \dfrac{\rule{1.5cm}{0.4pt}}{} = \dfrac{\rule{1.5cm}{0.4pt}}{} = \dfrac{5}{13}$

6   Willst du zwei **Brüche vergleichen**, also feststellen, welcher den größeren Wert hat, so kann dir Kürzen und Erweitern weiterhelfen. Erweitere oder kürze die Brüche zunächst so, dass sie entweder denselben Nenner oder denselben Zähler haben.

Tipp:

Überlege dir Beispiele und zeichne Rechteckdiagramme.

a)   Überlege: Haben zwei Brüche denselben Nenner, so hat der Bruch den größeren

Wert, der _____.

Haben zwei Brüche denselben Zähler, so hat der Bruch den größeren Wert,

der _____.

b)   Setze < oder > ein:

$\dfrac{9}{24}$ ___ $\dfrac{16}{32}$ $\dfrac{5}{12}$ ___ $\dfrac{2}{5}$ $\dfrac{21}{36}$ ___ $\dfrac{4}{6}$ $\dfrac{11}{13}$ ___ $\dfrac{2}{3}$

Erinnere dich:

Teilbarkeit durch 2, 4, 5 oder 10 sieht man an den Endstellen, Teilbarkeit durch 3 oder 9 prüft man mithilfe der Quersumme.

7   **Bist du noch fit?**

a)   Prüfe, ob folgende Zahlen durch 2, 3, 4, 5, 9 oder 10 teilbar sind:
3 340, 6 867, 58 442 580 und 7 461 408

_____

_____

Tipp:

Nutze, dass 6 = 2 · 3.

b)   Formuliere eine Regel, nach der man prüfen kann, ob eine Zahl durch 6 teilbar ist.

_____

8   **Rechne im Kopf:**
Was ist die Hälfte von einem Drittel von $\dfrac{2}{7}$ von drei Viertel von $\dfrac{7}{10}$ von $\dfrac{1}{25}$ von 1 000?

Prozentschreibweise

Brüche mit dem Nenner 100 kann man auch in der **Prozentschreibweise** darstellen.
Dabei wird der Nenner 100 weggelassen, hinter dem Zähler steht das **Prozentzeichen %**.
„%" bedeutet also so viel wie „Hundertstel".
Alle Brüche, die man auf den Nenner 100 erweitern oder kürzen kann, lassen sich in dieser
Weise angeben.

Umgekehrt kann jede Prozentangabe als Bruch geschrieben werden, indem man die Prozent-
zahl in den Zähler setzt, 100 in den Nenner und dann den Bruch kürzt.
$100\,\% = \frac{100}{100} = \frac{1}{1}$ steht dabei für ein Ganzes, alle Prozentangaben kleiner 100 geben Bruchteile
des Ganzen an.

Beispiele:

$\frac{23}{100} = 23\,\% =$

23 Hundertstel

$32\,\% = \frac{32}{100} = \frac{8}{25}$

1 Gib die Brüche in Prozentschreibweise an:

a) $\frac{21}{30} = $ _____

b) $\frac{12}{75} = $ _____

c) $\frac{39}{52} = $ _____

2 Wie viel Prozent des Quaders fehlen?

_____

_____

_____

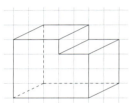

3 Wandle in die Einheit in Klammern um:

a) 27 % von 12 m (cm) _____

b) 13 % von 1 kg (kg) _____

c) 15 % von 1 h (min) _____

d) 32 % von 65 dm² (cm²) _____

4 Manche Brüche lassen sich so erweitern, dass man sie in der Prozentschreibweise
darstellen kann. Welche Zahlen stehen im Nenner dieser Brüche?

_____

_____

_____

Tipp:

Bestimme die Primfaktor-
zerlegung von 100.

5 Auf einem 150-g-Becher Joghurt steht zu lesen: 3 % Fettgehalt.
Welchen Fettgehalt haben zwei Becher Joghurt zusammen?

_____

_____

6 Benedikt macht gerade ein Praktikum bei einer Zeitung und soll für die morgige Ausgabe ein Diagramm erstellen, das den Anteil einzelner Energieträger an der Stromerzeugung im Jahr 2005 zeigt. Unsinnigerweise hat er die gegebenen Daten in folgende Bruchteile umgerechnet:

Wasserkraft, Windenergie, Biomasse, und andere erneuerbare Energieträger $\frac{1}{10}$, Steinkohle $\frac{11}{50}$, Kernenergie $\frac{81}{300}$ und sonstige Energieträger $\frac{15}{250}$. Beschrifte das Diagramm sinnvoll.

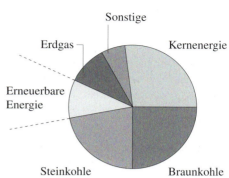

_____

_____

7 Julian hat auf seinem Sparbuch 120 Euro. Pro Jahr erhält er dafür 2,5 % Zinsen. Wie hoch ist sein Guthaben am Ende des ersten Jahres?

_____

_____

Tipp:

„‰" heißt so viel wie Tausendstel, z. B. bedeutet 51‰ einfach 51 Tausendstel.

8 Neben der Prozentschreibweise ist in einigen Fällen auch die Angabe in **Promille (‰)** gebräuchlich. Statt 100 steht hierbei im Nenner 1 000, z. B. $\frac{50}{1\,000} = 50‰$.

a) Schreibe in Promille:

$\frac{7}{500} =$ _____ $\quad$ $\frac{3}{8} =$ _____

$\frac{11}{40} =$ _____ $\quad$ $\frac{17}{300} =$ _____

b) Schreibe als Bruch und kürze:

$150‰ =$ _____ $\quad$ $35‰ =$ _____

$16‰ =$ _____ $\quad$ $625‰ =$ _____

9 Bist du noch fit?
Zeichne eine geeignete Zahlengerade und trage die Zahlen – 175, – 50, 25, 300 und ihre Gegenzahlen ein.

10 Logikrätsel:
Ein Bauer kommt vom Markt, er hat einen Kohlkopf, eine Ziege und einen Wolf bei sich. Auf dem Weg nach Hause muss er mit einem kleinen Kahn über einen Fluss fahren. Außer ihm hat immer nur ein Tier oder der Kohlkopf Platz im Kahn, so dass er öfter hin- und herfahren muss. Das Problem ist, dass die Ziege den Kohlkopf fressen würde und der Wolf die Ziege, sobald der Bauer nicht dabei ist. Was kann er tun?

Bruchzahlen

Jeder Quotient aus natürlichen Zahlen lässt sich als Bruch schreiben, indem man den Dividenden in den Zähler setzt und den Divisor in den Nenner. Den so entstandenen Bruch, der den Wert des Quotienten darstellt, nennt man auch **Bruchzahl.**

Jeder Bruchzahl kann ein Punkt auf der Zahlengeraden zugeordnet werden:
– Wertgleiche Brüche stehen auf der Zahlengeraden an derselben Stelle.
– Bruchzahlen mit kleinerem Zähler als Nenner sind kleiner als 1 und liegen deshalb

auf der Zahlengeraden zwischen Null und 1, z.B. $3 : 4 = \frac{3}{4}$.

– Bruchzahlen mit größerem Zähler als Nenner liegen rechts von 1. Sie lassen sich in Form

gemischter Zahlen angeben, z.B. $\frac{5}{4} = 5 : 4 = 1$ R1, also $\frac{5}{4} = 1 + \frac{1}{4} = 1\frac{1}{4}$.

– Die natürlichen Zahlen sind die Brüche, bei denen bei der Division kein Rest bleibt.

Gekürzt haben sie den Nenner 1, z.B. $3 = 6 : 2 = \frac{6}{2} = \frac{3}{1}$.

– Alle Brüche mit dem Zähler Null liegen am Punkt Null. **Bruchzahlen mit Nenner Null gibt es nicht, da der Divisor nie Null werden darf!**
– Die Gegenzahlen aller positiven Bruchzahlen sind die negativen Bruchzahlen. Sie liegen auf der Zahlengeraden links von Null.

Eine Bruchzahl nennt man auch **rationale Zahl.** Alle Bruchzahlen zusammen bilden die **Menge der rationalen Zahlen ℚ.** Sie enthält die Mengen ℤ, ℕ₀ und ℕ.

1 Trage die fehlenden Bruchzahlen an den Markierungen ein:

2 Gib die nächstgrößere ganze Zahl an:

a) $\frac{17}{5}$ _____

b) $-\frac{58}{12}$ _____

c) $\frac{40\,307}{131}$ _____

d) $-\frac{371}{27}$ _____

3 **a)** Wie viele Bruchzahlen mit Nenner kleiner 10 gibt es, die auf der Zahlengeraden zwischen 1 und 2 liegen?

_____

_____

b) Wie viele Bruchzahlen mit Nenner kleiner 10 gibt es, die auf der Zahlengeraden zwischen -14 und -13 liegen?

_____

4 a) Zeichne $\frac{9}{7}$ eines beliebigen Rechtecks.

b) Zeichne $2\frac{4}{9}$ eines beliebigen Quadrats.

c) Zeichne $\frac{11}{8}$ eines Kreises.

5 a) Ein Fahrzeughersteller produziert an einem Tag 693 Kleinwagen, 378 Kombis und 189 Cabrios.
Wie viel Prozent der Tagesproduktion entfallen auf die einzelnen Modelle?

_____

_____

_____

b) Ein Auslieferungsstandort erhält ein Siebtel der Kleinwagen, ein Neuntel der Kombis und ein Drittel der Cabrios.
Welcher Bruchteil der gesamten Tagesproduktion ist das jeweils?

_____

_____

_____

6 Bist du noch fit?
Berechne in der angegebenen Einheit:

a) $1\,619,28\,\text{kg} : 13 =$ _____   b) $2,34\,\text{cm} : 78 =$ _____

c) $83,71\,\text{km} \cdot 37 =$ _____   d) $7,08\,\text{dm} \cdot 31\,\text{cm} =$ _____

e) $402,50\,€ : 23\,€ =$ _____   f) $3\,190,3\,\text{g} : 61\,\text{g} =$ _____

7 Bruchzahlen sortieren:
Jeder schreibt auf einen Zettel einen Bruch mit Zähler und Nenner zwischen 1 und 10. Die Zettel werden gefaltet und in einem Behälter gesammelt. Dann wird die Klasse in gleich große Gruppen geteilt mit je drei oder mehr Mitspielern (je mehr, umso schwieriger wird es!). Anschließend darf jeder einen Zettel ziehen. Auf das Startzeichen des Lehrers werden die Zettel aufgefaltet. Jede Gruppe versucht, sich so schnell wie möglich so in einer Reihe aufzustellen, dass die Zahlen der Größe nach sortiert sind: Der Schüler mit der kleinsten Bruchzahl steht ganz vorne, der Schüler mit der höchsten Bruchzahl steht ganz hinten.
Es gewinnt die Gruppe, die als erste richtig steht! Zur Kontrolle muss die Siegergruppe der Reihe nach die Zahlen laut vorlesen.

Teste dich!

Bruchteile

Der _____ eines Bruches gibt an, in wie viele Teile _____

_____ . Der _____ gibt an, wie viele

dieser Teile _____ .

1 Bestimme jeweils den Bruchteil der gefärbten Fläche.

a)  b) c)

a) _____ b) _____ c) _____

2 Kennzeichne $\frac{1}{6}$ des Parallelogramms und $\frac{2}{3}$ des Dreiecks farbig.

Erinnere dich:
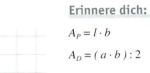
$A_P = l \cdot b$
$A_D = (a \cdot b) : 2$

Kürzen und Erweitern

Beim Erweitern eines Bruches werden Zähler und Nenner _____

_____ .

Ist ein Bruch so weit wie möglich _____ , so haben Zähler und Nenner nur

den gemeinsamen Teiler _____ .

3 Sebastians Zimmer ist 15 m² groß. Darin stehen ein 90 cm breites und 2 m langes Bett,
ein 60 cm breiter und 180 cm langer Schrank, ein Regal mit den Maßen 30 cm × 70 cm
und ein Schreibtisch, der 80 cm breit, 1,50 m lang und 78 cm hoch ist. Gib die Bruchteile, die die Möbelstücke vom Zimmer einnehmen, vollständig gekürzt an.

_____

_____

_____

_____

_____

_____

Prozentschreibweise

Brüche, die _____ ,

kann man in der Prozentschreibweise angeben.

4 Folgende Umformungen solltest du schnell im Kopf lösen können:

    a) Schreibe als vollständig gekürzten Bruch: $1\%, 5\%, 30\%, 40\%, 50\%, 60\%, 70\%$

    _____

    b) Gib in der Potenzschreibweise an: $\frac{1}{4}, \frac{1}{10}, \frac{3}{4}, \frac{1}{5}, \frac{1}{1}, \frac{9}{10}, \frac{4}{5}$.

    _____

5 Im Jahr 2005 lebten ungefähr 6 477 Millionen Menschen auf der Erde. Das Diagramm zeigt den Anteil der einzelnen Altersgruppen an der Weltbevölkerung.

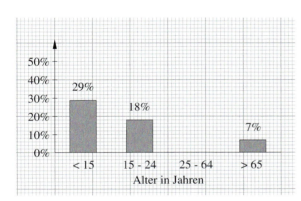

    a) Vervollständige das Diagramm.

    _____

    _____

    b) Wie viele Millionen Menschen gehören weltweit den verschiedenen Altersgruppen an?

    _____

    _____

Bruchzahlen

Bruchzahlen, die auf der Zahlengeraden _____ liegen, lassen sich als

gemischte Zahlen angeben. Die Menge $\mathbb{Q}$ heißt Menge der _____ .

6 Zeichne eine geeignete Zahlengerade und trage die Zahlen $-1\frac{3}{4}$; $-\frac{2}{6}$; $2\frac{1}{2}$ und $\frac{28}{21}$ ein.

Tipp:

Zeichne den Abschnitt der Zahlengerade von 0 bis 1 auf deinem Block.

7 Berechne jeweils den Abstand der Brüche auf einer Zahlengeraden mit Einheit 6 cm:

    a) $\frac{1}{3}$ und $\frac{1}{2}$ _____

    b) $\frac{5}{6}$ und $1\frac{1}{4}$ _____

    c) $\frac{1}{6}$ und $-\frac{1}{6}$ _____

    d) $\frac{6}{9}$ und $\frac{25}{12}$ _____

Dezimalzahlen

Dezimale Schreibweise

Eine Zahl in Kommaschreibweise (**dezimaler Schreibweise**) nennt man **Dezimalzahl** oder **Dezimalbruch**. Die Ziffern hinter dem Komma heißen **Dezimalen**, die Stellen hinter dem Komma lauten von links nach rechts **Zehntel (z)**, **Hundertstel (h)**, **Tausendstel (t)**, usw. Ergänzt man diese Stellen in einer **Stellenwerttafel**, so lassen sich auch Dezimalzahlen eintragen. Dabei können Endnullen beliebig ergänzt und weggelassen werden.
Mit Hilfe der Stufenzahlen lassen sich Dezimalzahlen auch in Brüche umwandeln, die sich eventuell noch kürzen lassen.

Auch Dezimalzahlen lassen sich an der Zahlengeraden veranschaulichen. Dazu muss die Einheit entsprechend groß gewählt werden, damit man die Abschnitte zwischen benachbarten ganzen Zahlen, zwischen benachbarten Zehnteln usw. in weitere 10 Teile zerlegen kann.

Wie bei den ganzen Zahlen gilt: Auf der Zahlengeraden sind die Dezimalzahlen größer, die weiter rechts liegen. Ebenso kann man zwei Dezimalzahlen stellenweise von links nach rechts vergleichen.

Beispiele:

H	Z	E	,	z	h	t	zt
0	2	3	,	0	6	8	

$= 23{,}068 = 23{,}0680$

$= 23 + \dfrac{6}{100} + \dfrac{8}{1000}$

$= 23\dfrac{68}{1000} = 23\dfrac{17}{250}$

23,06   23,068   23,07

$23{,}06 < 23{,}068 < 23{,}07$

1 Schreibe als Dezimalzahl und als gekürzten gemischten Bruch:

   a) dreihundertsiebenundfünfzig Komma acht null drei

   _____

   b) elf Ganze, drei Zehntel und fünf Tausendstel

   _____

   c) einundsechzig Hundertstel und achtundsechzig Zehntausendstel

   _____

2 Wahr oder falsch? Begründe kurz.

   a) Zwischen 2,3 und 2,31 liegen unendlich viele Dezimalzahlen.

   _____

   b) Eine Dezimalzahl schreibt man als gemischten Bruch, indem man den ganzzahligen Teil abschreibt. Dann setzt man die Dezimalen in den Zähler. In den Nenner schreibt man eine Stufenzahl, die so viele Nullen hat wie die Dezimalzahl Stellen hinter dem Komma.

   _____

   c) Sind zwei Dezimalzahlen vor dem Komma gleich, dann ist diejenige größer, die hinter dem Komma mehr Stellen hat.

   _____

   d) 12,27 ist der Nachfolger von 12,26.

   _____

Erinnere dich:

Eine Aussage ist bereits dann falsch, wenn du ein Gegenbeispiel gefunden hast.

3 Welche Zahlen müssen an den Markierungen stehen,
   a) wenn die Einheit der Zahlengerade 10 cm ist?
   b) wenn die Einheit 1 km ist?

a)

0

b)

4 Schreibe in Minuten und Sekunden:

   a) 11,1 h = _____

   b) 7,35 h = _____

   c) 0,13 h = _____

5 Vergleiche die Größe folgender Tiere mithilfe eines geeigneten Diagramms:
   Hundefloh 0,3 cm
   Zecke 4 mm
   Kopflaus 2,5 mm
   Rote Waldameise 0,9 cm
   Hausstaubmilbe 0,05 cm

6 Welche Einheit muss man wählen, um die Zahlen 205,813; 205,80 und 205,807 sinnvoll an einer Zahlengeraden darzustellen? Antworte nur durch Rechnen und beschreibe dein Vorgehen.

_____

_____

_____

7 **Bist du noch fit?**

   a) Der Divisor ist − 23, der Dividend ist 2 852. Wie heißt der Wert des Quotienten?

   _____

   b) Der Wert des Quotienten ist 235, der Divisor ist − 17. Wie lautet der Dividend?

   _____

8 **Logikrätsel:**
   Die grauen und die blauen Frösche sollen die Plätze tauschen. Jeder Frosch darf immer nur vorwärts hüpfen: auf das freie Feld vor ihm oder über **einen** Frosch auf das freie Feld davor.

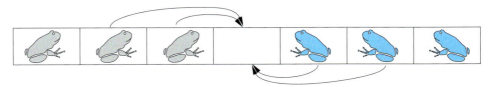

Umwandeln von Brüchen in Dezimalzahlen

Besitzt der Nenner eines vollständig gekürzten Bruchs nur die Primfaktoren 2 und 5, dann lässt er sich so erweitern, dass im Nenner eine Stufenzahl steht. Nun kann er in eine **endliche Dezimalzahl** umgeformt werden, die so viele Dezimalen hat wie die Stufenzahl Nullen.

Brüche, die sich nicht derartig erweitern lassen, kann man in einen **nicht endlichen Dezimalbruch** umformen, indem man den Zähler durch den Nenner teilt. Das Ergebnis wird gerundet angegeben, wobei für das **Runden** von Dezimalzahlen dieselben Regeln gelten wie für das Runden von ganzen Zahlen.

Dezimalzahlen lassen sich in Prozentangaben umformen, indem man mit 100 multipliziert, also das Komma um zwei Stellen nach rechts (hinter die Hundertstelstelle) verschiebt, z. B. 0,537 = 53,7 %.

Beispiele:

Endliche Dezimalzahlen:

$\frac{3}{125} = \frac{24}{1000} = 0{,}024 = 2{,}4\,\%$

$\frac{5}{4} = \frac{125}{100} = 1{,}25 = 125\,\%$

$3\,\frac{7}{100} = 3{,}07 = 307\,\%$

Nicht endliche Dezimalzahl (gerundet auf Hundertstel):

$\frac{1}{3} = 0{,}3333333\ldots \approx 0{,}33$
$= 33\,\%$

1   Trage 28,0753; 57,4 %; $\frac{51}{120}$ und $3\,\frac{49}{56}$ in eine geeignete Stellenwerttafel ein.

2   **a)**   Markiere an der Zahlengeraden alle Dezimalbrüche farbig, die gerundet 3,8 ergeben. Markiere in einer zweiten Farbe alle Dezimalbrüche, die gerundet 3,80 ergeben. Vergleiche.

3,74   3,86

   b)   Erkläre, warum bei gerundeten Dezimalzahlen Endnullen wichtig sind.

_____

_____

3   Welche Zahl liegt auf der Zahlengerade in der Mitte zwischen

   a) $\frac{108}{15}$ und 6,4 ? _____

   b)   1,125 und $\frac{7}{8}$? _____

   c) $3\,\frac{21}{28}$ und 1,25 ? _____

4 Betrachte die Dezimalzahl 0,078564.

    a) Streiche eine Ziffer, so dass das Ergebnis möglichst groß ist. _____

    b) Füge eine Ziffer hinzu, so dass das Ergebnis möglichst groß ist. _____

    c) Streiche eine Ziffer, so dass das Ergebnis möglichst klein ist. _____

    d) Füge eine Ziffer hinzu, so dass das Ergebnis möglichst klein ist. _____

Erinnere dich:

Bei der schriftlichen Division setzt du im Ergebnis das Komma, wenn du das Komma beim Dividenden überschreitest.

5 Gib als Dezimalzahl an:

    a) $\frac{1}{9}$ auf 3 Dezimalen gerundet _____

    b) $\frac{1}{11}$ auf 2, 3 und 4 Dezimalen gerundet _____

    _____

    c) $\frac{1}{7}$ auf 6 und auf 12 Dezimalen gerundet _____

    _____

6 Die Einschaltquote einer Fernsehsendung gibt in Prozent an, welcher Anteil aller Fernsehzuschauer gerade diese Sendung sieht. Die höchste Einschaltquote bisher in Deutschland hatte am 4. Juli 2006 das Fussball-WM-Halbfinale zwischen Deutschland und Italien. Von 34,3 Millionen Zuschauern insgesamt sahen 31,3 Millionen das Spiel.
Gib die Einschaltquote auf die Zehntelstelle gerundet an.

_____

_____

7 **Bist du noch fit?**
Bei einem Würfelspiel wird immer mit zwei Würfeln gewürfelt und aus den beiden Augenzahlen die größtmögliche Zahl gebildet.
Erstelle ein Baumdiagramm, das alle möglichen Ergebnisse enthält. Wie viele sind es?

8 **Brüche-Memory:**
Schreibe auf 16 gleich große Kärtchen (Zettel oder Karteikarten) folgende Zahlen:

$\frac{1}{5}, \frac{1}{2}, \frac{1}{20}, \frac{3}{4}, \frac{1}{8}, \frac{3}{12}$, 5 %, 50 %, 45 %, 11 %; 0,2; 0,75; 0,25; 0,125; 0,11 und 0,45.

Lege die Karten verdeckt zu einem Quadrat und spiele mit deinem Partner „Memory". Dabei müssen immer zwei Karten gefunden werden, deren Zahlen denselben Wert haben.

Teste dich!

Dezimale Schreibweise

Bei _____ lauten die Stellen hinter dem Komma von links

nach rechts _____.

Auf der Zahlengeraden sind die Dezimalzahlen größer, die _____

_____.

1 Trage 1,5379; 1,53801; 1,53786; 1,53799 und 1,53779 auf einer Zahlengeraden ein.

2 Franziska hat auf einem DIN-A4-Papier (Höhe 29,7 cm, Breite 21 cm) einen Brief
geschrieben. Zum Verschicken hat sie zwei Kuverts zur Auswahl: ein längliches, das
22 cm lang und 11 cm breit ist, und ein Kuvert mit 11,4 cm Breite und 16,2 cm Höhe.
Wie muss sie den Briefbogen jeweils falten, damit er in eines der Kuverts passt?
Welchen Bruchteil der ursprünglichen Größe hat das Papier dann noch?

3 **a)** Zeichne ein Koordinatensystem
mit Einheit 50 cm und trage
folgende Punkte ein:
A (0,05 | −0,06), B (0,05 | 0),
C (0,05 | 0,04), D (−0,03 | 0,04),
E (−0,03 | −0,06)

b) Welchen Bruchteil des Rechtecks
$ACDE$ nimmt das Dreieck BCD
ein?

Umwandeln von Brüchen in Dezimalzahlen

Ein Bruch lässt sich in eine endliche Dezimalzahl umformen, wenn _____ _____.

Um eine Dezimalzahl in Prozent anzugeben, verschiebt man das Komma _____ _____.

4 Die Lücken in der Tabelle solltest du schnell im Kopf schließen können.

$\frac{1}{8}$				$\frac{2}{5}$				$\frac{3}{4}$	$\frac{4}{5}$	
	0,2		0,375			0,6				0,875
		25 %			50 %		62,5 %			

5 Oberbayern ist mit einer Fläche von $17{,}5 \cdot 10^3$ km² der größte der sieben bayerischen Regierungsbezirke. In Oberbayern leben rund 4,2 Millionen Menschen, das sind etwa ein Drittel aller Bayern.

a) Wie viele Menschen leben ungefähr in ganz Bayern?

_____

b) Wie viele Menschen leben in Oberbayern durchschnittlich auf einem Quadratkilometer?

_____

c) Nenne mündlich die sieben Regierungsbezirke Bayerns.

6 **Bist du noch fit?**
Miss die Winkel und gib die Art des Winkels an:

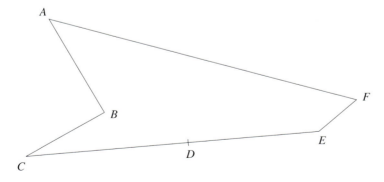

$\sphericalangle\, BAF =$ _45°__ _spitzer Winkel_____ $\sphericalangle\, ABC =$ ____ _____

$\sphericalangle\, BCD =$ ____ _____ $\sphericalangle\, EDC =$ ____ _____

$\sphericalangle\, FEC =$ ____ _____ $\sphericalangle\, AFE =$ ____ _____

Relative Häufigkeit

Bei einem **Zufallsexperiment** sind die möglichen Ergebnisse zwar bekannt, welches Ergebnis jedoch eintritt, hängt bei jedem Versuch in gleicher Weise vom Zufall ab.

Die **absolute Häufigkeit** eines Ergebnisses gibt an, wie oft dieses bei einer Reihe von Versuchen eingetreten ist. Summiert man die absoluten Häufigkeiten aller eingetretenen Ergebnisse, so erhält man die Gesamtzahl aller durchgeführten Versuche.

Um die Häufigkeit verschiedener Ergebnisse vergleichen zu können, muss immer auch die Anzahl aller Versuche mitbetrachtet werden. Dazu dividiert man die absolute Häufigkeit durch diese Gesamtzahl und erhält die **relative Häufigkeit** des Ergebnisses. Sie kann als Bruch, in Prozent oder als Dezimalzahl angegeben werden.

Nach dem **empirischen Gesetz der großen Zahlen** nähert sich die relative Häufigkeit eines Ergebnisses bei einer hohen Anzahl von Versuchen immer mehr einem festen Wert an. Dieser drückt die Chance aus, dass das Ergebnis bei einem Versuch eintritt.

Untersucht man bei einem Zufallsexperiment die Kombination von Ereignissen, so liefert die **Vierfeldertafel** einen guten Überblick über die absoluten und relativen Häufigkeiten. In jeder Zeile und Spalte kann man dabei aus zwei Werten den fehlenden dritten berechnen.

Beispiel: Würfeln

Bei 20-mal Würfeln kommt 3-mal die Sechs:
Absolute Häufigkeit: 3
Relative Häufigkeit:
$\frac{3}{20} = 15\%$

Bei sehr vielen Würfen nähert sich die relative Häufigkeit dem Wert $\frac{1}{6}$ an.

Würfeln	gerade	ungerade	
1, 2 oder 3	2 | 10%	5 | 25%	7 | 35%
4, 5 oder 6	8 | 40%	5 | 25%	13 | 65%
	10 | 50%	10 | 50%	20 | 100%

1 Halte fünf verschiedenfarbige Filzstifte (oder Buntstifte) in deiner Hand und lasse deinen Partner mit geschlossenen Augen einen davon ziehen. Notiere dir die Farbe in einer Strichliste.
Nimm wieder alle fünf Stifte in die Hand und wiederhole das Experiment insgesamt 20-mal. Dann tausche mit deinem Partner die Rollen und ziehe 20-mal von ihm blind einen Stift.

    a) Berechne die relativen Häufigkeiten der Farben, die dein Partner gezogen hat, und trage sie in ein Punktdiagramm ein.

    _____

    _____

    b) Zählt die Ergebnisse aller 40 Versuche zusammen und tragt die zugehörigen relativen Häufigkeiten mit einer anderen Farbe in eure Diagramme ein.

    _____

    _____

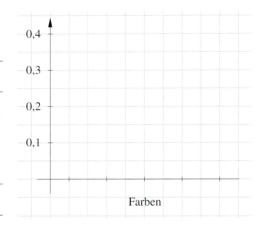

    c) Welche relative Häufigkeit ist nach sehr vielen Versuchen zu erwarten? Zeichnet sie als Linie in die Diagramme ein und diskutiert das Ergebnis.

2 Die Vierfeldertafel zeigt die Anzahl der Reisenden eines Zuges. 10% der Urlauber verreisen alleine. Nur ein Zwölftel der Reisenden, die nicht in den Urlaub unterwegs sind, fahren mit einer Gruppe. Ergänze.

	Urlaub	Kein Urlaub	
Allein	3		
Gruppe		7	

_____

_____

_____

3 a) Markiere an einer Zahlengeraden alle Werte, die die relative Häufigkeit annehmen kann.

b) Welche Zahlenmenge bilden die Werte, die die absolute Häufigkeit annehmen kann?

4 Ein Glücksrad ist in gleich große Felder mit einem Mittelpunktswinkel von je 9° eingeteilt. Als Hauptgewinn winkt beim Drehen des Glücksrades ein Fernseher. 24 Felder sind Nieten, bei 8 Feldern erhält man einen Trostpreis, bei 5 Feldern darf man noch einmal drehen und zweimal ist der Gewinn einer CD auf dem Glücksrad aufgemalt.
Bestimme die (gekürzten) Bruchteile der möglichen Ergebnisse und gib die Bruchteile in Prozent an.

5 Mona hat im Scherzartikelgeschäft einen „gezinkten" Würfel gekauft. Das Gewicht ist im Würfelinneren ungleich verteilt, so dass man mit dem Würfel sehr häufig eine Sechs würfelt. Mona testet den Würfel 1000 Mal und erstellt eine Häufigkeitstabelle. Wie könnte diese Tabelle ausgesehen haben?

	1	2	3	4	5	6
Absolute Häufigkeit						
Relative Häufigkeit						

6 Bist du noch fit?
Erstelle einen Gliederungsbaum und berechne den Wert des Terms.

$$-13 \cdot [23 + (-57)] =$$

Erinnere dich:

Benutze auch beim Kopfrechnen die Rechengesetze zum vorteilhaften Rechnen.

7 Berechne im Kopf:

$$1 + 22 + 333 + 4\,444 + 55\,555 = \rule{4cm}{0.4pt}$$

Teste dich!

Zufallsexperiment

Bei einem Zufallsexperiment hängt das Ergebnis eines Versuchs _____

_____ . Um die Daten aus einem Zufallsexperiment festzuhalten,

eignen sich _____ .

1 Beurteile, bei welchen Vorgängen es sich um ein Zufallsexperiment handelt.

    a) Austeilen von gemischten Spielkarten _____

    b) Blind ein Gummibärchen aus der Packung nehmen _____

    c) Wählen einer Telefonnummer _____

    d) Ausfüllen eines Lotto-Tippzettels _____

    e) Öffnen eines Zahlenschlosses _____

Absolute und relative Häufigkeit

Mithilfe der _____ kann man die Häufigkeit bestimmter

Ergebnisse miteinander vergleichen. Die _____ gibt an, wie oft

ein bestimmtes Versuchsergebnis eingetreten ist.

2 Aus einem Stapel Schafkopfkarten wurde immer wieder eine Karte gezogen, die Farbe notiert, die Karte zurückgelegt und der Stapel neu gemischt. Daraus entstand folgende Häufigkeitstabelle. Ergänze.

	Eichel	Gras	Herz	Schell
Absolute Häufigkeit		75	60	63
Relative Häufigkeit	_____ = 34 %		$\frac{1}{5}$ = 20 %	

3 Obsthändler Schulze prüft neue Ware mithilfe von Stichproben. Dazu entnimmt er aus einer Obstkiste wahllos einige Früchte. Sind mehr als 15 % der Früchte aus der Stichprobe verdorben, lässt er die ganze Kiste zurückgehen.
Das Obst ist in Kisten mit je 20 kg verpackt. Heute entnimmt er einer Kiste Pfirsiche 20 Stück, davon sind 2 verdorben. Von den 40 ausgewählten Pflaumen sind 6 verdorben und unter den 25 entnommenen Aprikosen sind 5 verfault. Was geht zurück?

_____

_____

_____

_____

Gesetz der großen Zahlen

Das empirische Gesetz der großen Zahlen besagt, dass sich die relative Häufigkeit bei

einer hohen Anzahl von Versuchen _____ .

4 Für das Faschingsfest in der Schule haben Florian und Valentin 100 Krapfen einge-
kauft: 50 gefüllt mit roter Marmelade, 45 gefüllt mit gelber Marmelade und zum
Scherz 5 gefüllt mit Senf. Auch der Direktor isst einen.
Wie hoch stehen die Chancen, dass er einen mit Senf erwischt?

_____

_____

5 Zwei Würfel werden 600 000-mal geworfen. Wie oft in etwa wird ein Pasch (gleiche
Augenzahl in einem Wurf) gewürfelt?

_____

_____

Die Vierfeldertafel

In einer Vierfeldertafel lassen sich fehlende Werte aus den beiden anderen Werten einer

_____ berechnen.

6 Stefanie untersucht
die Buchstabenhäufigkeit
eines Textes. Sie stellt
fest, dass 56 % der Buch-
staben Konsonanten sind.
Insgesamt 5 % der Buch-
staben sind Konsonanten,
die doppelt vorkommen
(wie z. B. „l" in „alle").
94 % aller Buchstaben
kommen nur einfach vor.
Erstelle eine Vierfeldertafel und finde heraus, wie viele der Buchstaben doppelte
Vokale sind.

_____

_____

Tipp:

Überlege dir zuerst, wie
viele Schüler in der Klasse sein könnten, es gibt ja
nur „ganze" Schüler.

7 **Logikrätsel:**
In einer Schulklasse sind ein Drittel der Schüler Jungen, die Hälfte der Schüler hat
braune Haare und ein Fünftel schwarze Haare. In der Klasse gibt es insgesamt 5 blon-
de Mädchen und 60 % der Mädchen haben braune Haare.
Wie viele Jungen haben schwarze Haare?
Andere Haarfarben außer blond, braun und schwarz kommen nicht vor.

_____

_____

Addition und Subtraktion mit nicht-negativen Zahlen

Addition und Subtraktion von Brüchen

Brüche mit gleichem Nenner nennt man **gleichnamig**. Sie lassen sich addieren oder subtrahieren, indem man den gemeinsamen Nenner im Ergebnis übernimmt und nur die Zähler addiert oder subtrahiert.

Brüche mit unterschiedlichem Nenner (**ungleichnamige Brüche**) muss man vor dem Addieren oder Subtrahieren erst gleichnamig machen. Dazu bestimmt man das **kleinste gemeinsame Vielfache (kgV)** der Nenner, den **Hauptnenner** (HN).
Dabei gehst du am besten folgendermaßen vor:

- Kürze alle Brüche vollständig.
- Bilde vom größten Nenner die Vielfachen.
- Das kleinste dieser Vielfachen, das auch die anderen Nenner als Teiler hat, ist der Hauptnenner.
- Erweitere alle Brüche auf diesen Hauptnenner.
- Addiere oder subtrahiere die jetzt gleichnamigen Brüche.

Beispiele:

$$\frac{3}{7} + \frac{1}{7} = \frac{3+1}{7} = \frac{4}{7}$$

$$\frac{8}{10} - \frac{3}{10} = \frac{8-3}{10} = \frac{5}{10} = \frac{1}{2}$$

gleichnamig machen:

$$\frac{10}{24} + \frac{7}{15} = \frac{5}{12} + \frac{7}{15}$$

$$V_{15} = \{15, 30, 45, \mathbf{60}, \dots\}$$

$$\text{kgV}(12; 15) = 60$$

$$\frac{5}{12} + \frac{7}{15} = \frac{5 \cdot 5}{12 \cdot 5} + \frac{7 \cdot 4}{15 \cdot 4}$$

$$= \frac{25 + 28}{60} = \frac{53}{60}$$

1 Bestimme jeweils den Bruchteil der gefärbten Fläche.

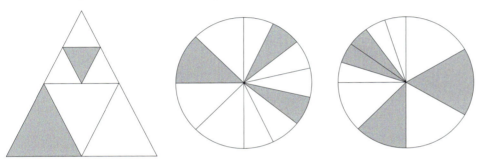

_____

2 Berechne mit deinem Partner die folgenden Terme. Jeder entscheidet sich für einen anderen der beiden angegebenen Rechenwege. Vergleicht dann eure Rechnungen.

a) Kürze **oder** kürze nicht vor dem Bilden des Hauptnenners:

$$\frac{5}{7} + \frac{8}{22} = \underline{\hspace{6cm}}$$

$$\frac{20}{36} - \frac{7}{18} = \underline{\hspace{6cm}}$$

b) Bilde den Hauptnenner für alle drei Brüche gleichzeitig **oder** zuerst nur für zwei Brüche:

$$\frac{1}{5} + \frac{1}{2} + \frac{7}{15} = \underline{\hspace{5cm}}$$

$$\frac{1}{21} + \frac{1}{6} - \frac{1}{5} = \underline{\hspace{5cm}}$$

3 Das Kommutativgesetz und das Assoziativgesetz gelten auch für die Addition von Brüchen. Finde jeweils ein Beispiel. Gelten diese Gesetze auch für die Subtraktion?

_____

_____

_____

4 Im November fielen $\frac{1}{3}$ aller Tage auf ein Wochenende oder einen Ferientag.

Wegen Krankheit konnte Sabine zusätzlich an $\frac{4}{15}$ aller Novembertage den Unterricht

nicht besuchen. An einem Tag fuhr Sabine mit ihrer Klasse ins Museum.
Wie viele Tage verbrachte Sabine im November tatsächlich in der Schule?

_____

_____

_____

5 So findest du mithilfe der Primfaktorzerlegung das kgV; z. B. das kgV von 42 und 60:
   – Zerlege die Zahlen in Primfaktoren: $42 = 2 \cdot 3 \cdot 7$ und $60 = 2 \cdot 2 \cdot 3 \cdot 5$
   – Markiere übereinstimmende Primfaktoren: $42 = \underline{2} \cdot \underline{3} \cdot 7$ und $60 = \underline{2} \cdot 2 \cdot \underline{3} \cdot 5$
   – Für das kgV verwendest du die unterstrichenen Faktoren nur einmal, alle anderen
     fügst du hinzu: $\text{kgV}(42; 60) = \underline{2} \cdot \underline{3} \cdot 7 \cdot 2 \cdot 5 = 6 \cdot 70 = 420$

Bestimme auf diese Weise:

a) kgV (126; 105) _____

_____

b) kgV (33; 462) _____

_____

c) kgV (91; 180) _____

_____

6 **Bist du noch fit?**
Erstelle Teilerbäume für die Zahlen 70, 99 und 175.

7 **Brüche addieren:**
Jeder schreibt auf zwei Zettel je eine Zahl von 1 bis 9. Die Zettel werden gefaltet und
gesammelt. Dann sucht sich jeder einen Partner.
Anschließend zieht jeder zwei Zettel und bildet mit den Zahlen einen Bruch: die kleinere
Zahl steht im Zähler. Auf das Startzeichen des Lehrers versucht ihr, so schnell wie möglich
mit eurem Partner die Brüche im Kopf zu addieren.
Für Profis: Schwieriger wird es, wenn ihr Gruppen mit drei Mitspielern bildet.

Addition und Subtraktion von gemischten Zahlen

Bei der Addition und Subtraktion gemischter Zahlen ist es hilfreich, das Pluszeichen zwischen dem Ganzen und dem Bruch wieder einzufügen. Mit Hilfe von Kommutativgesetz und Assoziativgesetz kann man dann die Ganzen und die Brüche sortieren und anschließend getrennt addieren oder subtrahieren. Zum Schluss lässt man das Pluszeichen wieder weg.

Vorsicht: Ist der Bruch des Minuenden kleiner als der Bruch des Subtrahenden, so muss man ein Ganzes „leihen" und zum Minuenden hinzuzählen.

Gemischte Zahlen addieren und subtrahieren sich meist leichter als unechte Brüche, da die Zahlen im Zähler dann kleiner sind.

Beispiele:

$$2\frac{5}{6} - 1\frac{1}{6} = 2 + \frac{5}{6} - \left(1 + \frac{1}{6}\right)$$
$$= (2-1) + \left(\frac{5}{6} - \frac{1}{6}\right) = 1\frac{2}{3}$$

$$5 + \frac{1}{7} - \frac{3}{7} = 4 + \frac{8}{7} - \frac{3}{7} = 4\frac{5}{7}$$

1 a) $3\frac{2}{5} - 1\frac{1}{3} + \frac{7}{6} + 2\frac{3}{10} - \frac{8}{15} =$ _____

_____

_____

  b) $1\frac{3}{4} - \frac{8}{7} - \frac{3}{5} - \frac{5}{14} + \frac{5}{2} =$ _____

_____

_____

Erinnere dich:

In Termen mit Plus- und Minusgliedern kannst du die Glieder sortieren und Summe der Plusglieder minus Summe der Minusglieder rechnen.

2 Suche den richtigen Weg durch die Pyramide, beginne an der Spitze. Das Ergebnis eines Terms ist immer das erste Glied des nächsten Terms. Du musst jedes Feld genau einmal „betreten".

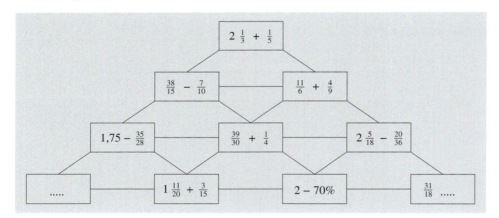

Tipp:

Versuche doch mal, die Ergebnisse nur zu überschlagen und ohne exakte Rechnung den Weg zu finden.

3 **Rechne in gemischten Zahlen:**
Paula fährt mit dem Zug in Rosenheim um 14:20 Uhr ab und kommt nach einer dreiviertel Stunde in München an. Nach einer halben Stunde Aufenthalt fährt sie weiter und ist 2 Stunden und 10 Minuten später in Stuttgart. Wie viel Uhr ist es?

_____

_____

_____

4 Welchen Abstand haben diese Zahlen an einer Zahlengerade mit Einheit 1 cm?

a) $3\frac{5}{9}$ und $1\frac{1}{7}$ _____

b) $135\frac{8}{14}$ und $124\frac{17}{21}$ _____

c) $-2\frac{5}{6}$ und $7\frac{1}{16}$ _____

d) $11\frac{7}{8}$ und $-12\frac{3}{4}$ _____

5 Stelle den Term auf und berechne den Wert:

Der Term ist eine Summe mit 2. Summanden $\frac{11}{9}$. Der 1. Summand ist eine Differenz mit Minuend $5\frac{5}{12}$. Der Subtrahend ist die Summe von $\frac{4}{21}$ und $1\frac{1}{7}$.

_____

_____

_____

_____

6 Sylvie hilft in den Ferien in einem Restaurant aus. Heute soll sie in 3 Stunden 6 Kisten Salat putzen. In der ersten Stunde schafft sie die erste Kiste und 75 % der zweiten. In der zweiten Stunde putzt sie schon $2\frac{1}{2}$ Kisten. Dann wird sie wieder etwas langsamer, so dass sie in der dritten Stunde nicht mehr als 2 Kisten schaffen wird. Reicht das? Überschlage das Ergebnis zunächst im Kopf.

_____

_____

_____

7 Bist du noch fit?
Überschlage und rechne dann schriftlich untereinander.

a) $2\,385 + 15\,683$ b) $9\,002 - 6\,894$ c) $-5\,371 - 806$ d) $3\,252 - 4\,994$

8 Logikrätsel:
Nebeneinander stehen eine volle Tasse Kaffee und eine gleich große Tasse voll mit Milch. Ein Teelöffel Milch wird in den Kaffee geschüttet und gut verrührt. Von dieser Mischung wird wieder ein Teelöffel entnommen und zurück in die Milch gegeben. Ist nun mehr Milch im Kaffee als Kaffee in der Milch oder umgekehrt?

_____

_____

_____

Addition und Subtraktion von Dezimalzahlen

Die Addition oder Subtraktion von Dezimalzahlen wird übersichtlicher, wenn du so viele Endnullen ergänzt, dass alle Glieder des Terms gleich viele Dezimalen haben. Addiere oder subtrahiere dann wie gewohnt stellenweise untereinander (Komma unter Komma) oder nebeneinander schriftlich oder auch im Kopf. Das Komma setzt du im Ergebnis an dieselbe Stelle wie bei den einzelnen Gliedern des Terms.

Treten Brüche und Dezimalbrüche in einem Term gleichzeitig auf, so müssen sie vor dem Berechnen auf dieselbe Form gebracht werden. Lassen sich auftretende Brüche in endliche Dezimalzahlen umformen, rechnet man meist leichter mit Dezimalzahlen.

Beispiele:

$2,3 + 0,75 + 13,05 = 16,1$

denn:
$$\begin{array}{r} 2,30 \\ 0,75 \\ + 13,05 \\ \hline 16,10 \end{array}$$

---

1 Überschlage, bevor du auf dem Karopapier schriftlich untereinander berechnest. Rechne in der größten vorkommenden Einheit:

a) $905,41\,\text{kg} + 99,9\,\text{g} + 30,702\,\text{kg} \approx$ _____

b) $7,5426\,\text{km} - 742,6\,\text{m} \approx$ _____

2 Korrigiere Isabels Hausaufgabe. Welche Fehler hat sie gemacht?

a) $14,21 + 723,5 = 737,26$

b) $\frac{1}{3} + 0,25 = 0,33 + 0,25 = 0,58$

c) $1,375 - \frac{5}{12} = 1\frac{3}{8} - \frac{5}{12} = 1\frac{9}{24} - \frac{10}{24} = \frac{23}{24}$

d) $2,507 + 3,13\,\% + 0,07 = 5,707$

_____

_____

_____

3 Rechne, wenn möglich, mit Dezimalzahlen:

a) $\frac{1}{12} + 0,176 + \frac{1}{15} =$ _____

_____

b) $\left(\frac{39}{65} - 1,073\right) + \left(3,8 - \frac{21}{56}\right) =$ _____

_____

_____

Tipp:

Nutze Rechenvorteile!

4 Um die Entscheidung für den Bau einer Umgehungsstraße voranzutreiben, führen Anwohner in ihrem Ort eine Verkehrszählung durch. Sie zählen einen ganzen Tag und eine ganze Nacht lang alle Pkw und Lkw. Dabei unterscheiden sie anhand des Kennzeichens, ob es sich um Ortsansässige oder Fremde handelt. Die relativen Häufigkeiten der verschiedenen Fahrzeuge halten sie in einer Vierfeldertafel fest: Dreimal so viele Pkw wie Lkw passierten den Ort. Mit einer Häufigkeit von 0,2806 waren Pkw aus dem Ort unterwegs, während 30,7 % aller Fahrzeuge ortsansässig waren.

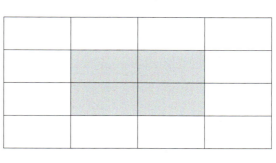

5 Markiere jeweils an einer Zahlengeraden **alle** Zahlen, die man an Stelle des Platzhalters einsetzen kann, damit die Ungleichung richtig ist.

a) $1,3785 + \boxed{} \leq 5,016$

b) $7,99 - \boxed{} \leq 4,444$

c) $0,01 \leq \boxed{} + 28,02$

6 An Antonias Schule wurden am Projekttag zum Thema „Haustiere" 678 Schüler nach ihrem Lieblingstier gefragt. Antonia soll davon ein Kreisdiagramm erstellen.
Dazu legt sie zunächst eine Tabelle an und berechnet die relativen Häufigkeiten mit dem Taschenrechner, der sieben Stellen anzeigen kann.

Katze	Hund	Hamster	Sonstiges
168	99	78	333
0,247 787 …	0,146 017 …	0,115 044 …	0,491 150 …

a) Im Diagramm trägt Antonia die Werte auf ganze Prozent gerundet ein.

b) Summiere die Schülerzahlen, die relativen Häufigkeiten und die Prozentsätze und erkläre die Ergebnisse.

_____

_____

7 **Bist du noch fit?**
Berechne und achte dabei besonders auf die Rechenreihenfolge.

a) $(53 - 11) \cdot 7 + (3^3 - 2 \cdot 6) = $ _____

_____

b) $(47 \cdot 13 - 588)^2 - 126 = $ _____

_____

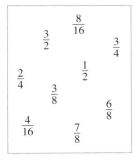

8 **Rechenrechteck:**
Ziehe in dem Rechteck zwei gerade Linien, so dass sich in jedem entstandenen Feld die Summe 2 ergibt.

Teste dich!

Addieren und Subtrahieren von Brüchen

Brüche mit gleichem Nenner nennt man _____ .

Bei _____ Brüchen muss man vor dem Addieren oder Subtra-

hieren den Hauptnenner bilden, er ist das _____ der Nenner.

1 Paul, Emma und Marie sind beim Pizza-Essen. Paul teilt seine Pizza in drei Teile
und isst ein Stück davon. Emma teilt ihre Pizza in vier Teile und isst ein Stück davon.
Marie teilt ihre Pizza in acht Teile und isst zwei Stücke davon. Dann nimmt sie sich
jeweils noch ein Stück von den anderen Pizzas. Emma isst noch drei Stücke von
Maries Pizza und ist satt. Paul isst ein Stück von Maries Pizza und den Rest von
Emmas Pizza. Wie viel Pizza hat jeder gegessen und wie viel ist noch übrig?

_____

_____

_____

_____

2 Die Hälfte eines $2\,500\,\text{m}^2$ großen Parks ist von Bäumen und Büschen bedeckt.
$\frac{1}{14}$ der Fläche nimmt ein kleiner Teich ein, $\frac{1}{21}$ der Fläche nimmt ein Spielplatz ein.
Welcher Anteil des Parks entfällt auf Wiesen und Wege, die den Rest ausmachen?
Beantworte durch Rechnung und überprüfe dein Ergebnis mithilfe einer Skizze.

_____

_____

_____

Addieren und Subtrahieren von gemischten Zahlen

Bei der Subtraktion von gemischten Zahlen kann man _____

_____ getrennt subtrahieren.

3 Rechne vorteilhaft:

a) $\frac{7}{5} + \left(\frac{11}{6} + \frac{3}{5} \right) + \frac{11}{9} =$ _____

_____

b) $1\,\frac{1}{3} + \frac{3}{4} + 3\,\frac{1}{5} - \frac{7}{12} =$ _____

_____

c) $5 : 3 + 0{,}5 + 1 : 4 + 1 : 3 =$ _____

_____

Intensivierung Mathematik

Lösungen Kapitel 1 – Bruchteile und Bruchzahlen

Bruchteile und ihre Veranschaulichung (S. 4–5)

1 Strecke A ist 4,5 cm lang, jedes Teilstück muss deshalb **0,9 cm** lang sein.
Strecke B ist 4,2 cm lang, die Bruchteile müssen je **0,6 cm** lang sein.
Die Strecke C ist 12 cm lang, jedes Teilstück ist daher genau **1 cm** lang. Da $12 = 2 \cdot 2 \cdot 3$, unterteilst du die Strecke am besten so: Halbiere die Strecke, halbiere noch mal die verbleibenden Hälften. Die vier entstandenen Teilstücke kannst du jetzt in je drei Teile teilen.

2 a) Bei einem Quader kommt jede Fläche genau zweimal vor. Bei dem vorliegenden Netz kommt das Rechteck aus 6 Kästchen bereits zweimal vor, die anderen beiden Rechtecke fehlen ein zweites Mal am Netz. Es fehlen also noch $2 + 3 = 5$ Kästchen. Insgesamt besteht das Netz dann aus

$2 \cdot (2 + 3 + 6) = 22$ Kästchen. Zu sehen sind also $\frac{17}{22}$ des Netzes.

b) $O_Q = 2 \cdot (0,5\,\text{cm} \cdot 1,5\,\text{cm} + 0,5\,\text{cm} \cdot 1\,\text{cm} + 1\,\text{cm} \cdot 1,5\,\text{cm}) = 2 \cdot (0,75\,\text{cm}^2 + 0,5\,\text{cm}^2 + 1,5\,\text{cm}^2)$
$= 2 \cdot 2,75\,\text{cm}^2 = \mathbf{5,5\,cm^2}$.
oder: 4 Kästchen sind 1 cm², daher sind 22 Kästchen = (22 : 4) cm² = 5,5 cm².

3 a) $(3\,\text{h} : 9) \cdot 5 = (180\,\text{min} : 9) \cdot 5 = 20\,\text{min} \cdot 5 = \mathbf{100\,min}$
b) $(595\,\text{cm} : 17) \cdot 24 = 35\,\text{cm} \cdot 24 = 840\,\text{cm} = \mathbf{84\,dm}$
c) $(3\,\text{t} : 16) \cdot 7 = 0,1875\,\text{t} \cdot 7 = 1,3125\,\text{t} = \mathbf{1\,312,5\,kg}$

4 In der untersten Reihe fehlen 2 Würfel, in der zweiten Reihe fehlen 11 Würfel und in der dritten und obersten je 12 Würfel, das sind zusammen 37 Stück.
Insgesamt besteht der Quader aus $10 \cdot 4 \cdot 4 = 160$ Würfeln, es fehlt also ein Bruchteil von $\frac{37}{160}$.

5 $(51 \cdot 10^7\,\text{km}^2 : 4) \cdot 3 = 12,75 \cdot 10^7\,\text{km}^2 \cdot 3 = 38,25 \cdot 10^7\,\text{km}^2 = \mathbf{3\,825 \cdot 10^5\,km^2}$ der Erdoberfläche sind von Wasser bedeckt.

6 a) Zuerst wird das Erbe in fünf Teile geteilt und dann dieser fünfte Teil noch mal in drei Teile. Jedes Kind von David erhält damit genau **ein Fünfzehntel** des Erbes.
b) $8\,461\,\text{€} \cdot 15 = \mathbf{126\,915\,€}$

7 Der Kreissektor von Deutschland hat einen Mittelpunktswinkel von 120°, das entspricht laut Angabe 10 Schülern. Daher entspricht ein Mittelpunktswinkel von 12° genau einem Schüler und 360° stehen für 30 Schüler, also die ganze Klasse. Damit waren $\frac{10}{30}$ der Schüler innerhalb Deutschlands unterwegs (oder auch $\frac{1}{3}$, da 120° der dritte Teil von 360° ist).

Zu Hause: 84° steht für 7 Schüler, das sind $\frac{7}{30}$ aller Schüler; Italien: 48° steht für 4 Schüler, das sind $\frac{4}{30}$ der Klasse;

Österreich: 60° steht für 5 Schüler, das sind $\frac{5}{30}$ aller Schüler (oder auch $\frac{1}{6}$, da 60° der sechste Teil von 360° ist);

Spanien: 24° steht für 2 Schüler, das sind $\frac{2}{30}$ der Klasse; Griechenland/Tunesien: je 12° stehen für je 1 Schüler, das sind je $\frac{1}{30}$ aller Schüler.

8 $360° : 24 = 15°$. Für jede Stunde muss der Mittelpunktswinkel des Kreissektors 15° betragen. Eine mögliche Lösung ist z. B.
1) Schlafen 10 Stunden = 150°
2) Essen, Körperpflege etc. 2 Stunden = 30°

3)   Schule 6 Stunden $= 90°$
4)   Hausaufgaben 3 Stunden $= 45°$
5)   Basketball 1 Stunde $= 15°$
6)   Fernsehen 2 Stunden $= 30°$

9 $360 = 8 \cdot 5 \cdot 9 = 2^3 \cdot 3^2 \cdot 5$. Es gibt genau $4 \cdot 3 \cdot 2 = 24$ Teiler der Zahl 360. (Denn den Primfaktor 2 kann man in einem Teiler gar nicht verwenden oder einmal oder zweimal oder dreimal, das sind **vier** Möglichkeiten. Für den Primfaktor 3 bieten sich demnach **drei** Möglichkeiten, für den Primfaktor 5 **zwei** Möglichkeiten.)
Die Teiler bestimmt man also so: $1, 2, 2^2, 2^3, 3, 3^2, 5, 2 \cdot 3, 2^2 \cdot 3, 2^3 \cdot 3, 2 \cdot 3^2, \ldots$
Sortiert ergibt sich $T_{360} = \{1, 2, 3, 4, 5, 6, 8, 9, 10, 12, 15, 18, 20, 24, 30, 36, 40, 45, 60, 72, 90,$ **120, 180, 360**$\}$.

10   Wer die Taktik des Spiels erkannt hat, sollte immer seinen Gegenspieler anfangen lassen; das führt zum sicheren Sieg. Wie das genau geht, wird hier aber nicht verraten! ☺

Kürzen und Erweitern von Brüchen (S. 6–7)

1   Rechteck: Es soll mit 4 erweitert werden, deshalb kann man das Rechteck z. B. noch einmal horizontal in 4 Teile teilen. Kreis: Jeweils 4 Kreissektoren müssen zusammengefasst werden, dann entspricht der eingefärbte Teil $\frac{1}{3}$ des Kreises.

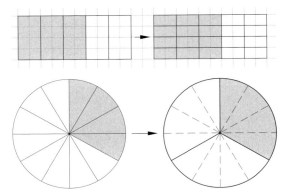

2 $\frac{18}{42} = \frac{3 \cdot 6}{7 \cdot 6} = \frac{3}{7}; \frac{64}{432} = \frac{4 \cdot 16}{27 \cdot 16} = \frac{4}{27};$

$\frac{88}{121} = \frac{8}{11}; \frac{105}{126} = \frac{15}{18}; \frac{732}{793} = \frac{12}{13}$

3   Philipp benötigt $60 \text{ min} : 4 = \mathbf{15\,min}$.
Ulli ist $780 \text{ s} : 60 = \mathbf{13\,min}$. unterwegs. Nina braucht $\frac{9}{54} = \frac{1}{6}$ einer Stunde, das sind $60 \text{ min} : 6 = \mathbf{10\,min}$. Jan benötigt $\frac{72}{360} = \frac{1}{5}$ einer Stunde, das sind $60 \text{ min} : 5 = \mathbf{12\,min}$.

Somit braucht **Nina** am wenigsten Zeit für ihren Schulweg.

4   **a)**   Es wiederholt sich immer wieder dasselbe Muster, deshalb reicht es, das „Grundmuster" zu betrachten, die Anteile der einzelnen Felder bleiben immer gleich: Das Grundmuster besteht aus 16 Kästchen, davon sind 6 weiß, 2 schwarz und je 4 gestreift und gepunktet.

Die Bruchteile sind deshalb: weiß $\frac{6}{16} = \frac{3}{8}$, schwarz $\frac{2}{16} = \frac{1}{8}$, gestreift und gepunktet je $\frac{4}{16} = \frac{1}{4}$.

   b)   Das Muster zeigt die Erweiterung mit 6, denn die Anzahl aller Kästchen (= Nenner) versechsfacht sich und die Anzahl der einzelnen gefärbten Felder (= Zähler) versechsfacht sich auch. Der Wert des Bruchteils bleibt aber immer gleich.

5   **a)**   Suche der Reihe nach die Kürzungsfaktoren: $42 : 21 = 2, 56 : 2 = 28, 28 : 4 = 7, 21 : 7 = 3$, also: $\frac{42}{56} = \frac{21}{28} = \frac{3}{4}$

   b) $\frac{9}{14} = \frac{27}{42} = \frac{216}{336}$

   c) $792 : 12 = 66 = 2 \cdot 3 \cdot 11$. Für das Erweitern gibt es sechs verschiedene Möglichkeiten, je nachdem in welcher Reihenfolge man mit den Faktoren 2, 3 und 11 erweitert,
z. B. $\frac{12}{23} = \frac{24}{46} = \frac{72}{138} = \frac{792}{1518}$

d) $525 : 5 = 105 = 3 \cdot 5 \cdot 7$. Hier gibt es auch wieder sechs verschiedene Möglichkeiten,

z. B. $\dfrac{525}{1\,365} = \dfrac{75}{195} = \dfrac{15}{39} = \dfrac{5}{13}$

6 a) … der den größeren Zähler hat, z. B. ist $\dfrac{1}{4} < \dfrac{2}{4}$
(siehe Bild 1: Nenner 4, Zähler 1 bzw. 2).
… der den kleineren Nenner hat, z. B. ist $\dfrac{2}{4} < \dfrac{2}{3}$
(siehe Bild 2: Zähler 2, Nenner 3 bzw. 4).

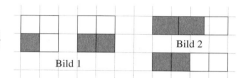

Bild 2

Bild 1

b) $\dfrac{9}{24} = \dfrac{3}{8} < \dfrac{4}{8} = \dfrac{16}{32}; \dfrac{5}{12} = \dfrac{10}{24} > \dfrac{10}{25} = \dfrac{2}{5}; \dfrac{21}{36} < \dfrac{24}{36} = \dfrac{4}{6};$

$\dfrac{11}{13} = \dfrac{33}{39} > \dfrac{26}{39} = \dfrac{2}{3}$ oder $\dfrac{11}{13} = \dfrac{22}{26} > \dfrac{22}{33} = \dfrac{2}{3}$

7 a) Wegen der Null an der Einerstelle ist die Zahl 3 340 durch **2, 5 und 10** teilbar,
wegen $40 : 4 = 10$ auch durch **4**. Die Quersumme von 3 340 ($= 10$) ist nicht durch 3 und
auch nicht durch 9 teilbar, also ist 3 340 auch nicht durch 3 oder 9 teilbar.
Die Zahl 6 867 ist teilbar durch **3** und **9**, aber nicht durch 2, 4, 5 oder 10.
Die Zahl 58 442 580 ist teilbar durch **2, 3, 4, 5, 9** und **10**.
Die Zahl 7 461 408 ist teilbar durch **2, 3, 4**, aber nicht durch 5, 9 oder 10.

b) Wegen $6 = 2 \cdot 3$ ist eine Zahl durch 6 teilbar, wenn sie durch 2 *und* durch 3 teilbar ist.
Deswegen lautet die Regel:
Eine Zahl ist durch 6 teilbar, wenn sie gerade ist und ihre Quersumme durch 3 teilbar ist.

8 Rechne rückwärts: $1\,000 : 25 = 40$ und $(40 : 10) \cdot 7 = 28$ und $(28 : 4) \cdot 3 = 21$
und $(21 : 7) \cdot 2 = 6$ und $6 : 3 = 2$ und $2 : 2 = \mathbf{1}$

Prozentschreibweise (S. 8–9)

1 a) $\dfrac{21}{30} = \dfrac{7}{10} = \dfrac{70}{100} = \mathbf{70\,\%}$ **b)** $\dfrac{12}{75} = \dfrac{4}{25} = \dfrac{16}{100} = \mathbf{16\,\%}$ **c)** $\dfrac{39}{52} = \dfrac{3}{4} = \dfrac{75}{100} = \mathbf{75\,\%}$

2 Ist der Quader komplett, lässt sich die vordere Fläche in $4 \cdot 5 = 20$ kleine Quadrate zerlegen,
der Quader insgesamt lässt sich demnach in 20 kleinere Quader zerschneiden. Dem darge-
stellten Körper „fehlen" zwei dieser kleineren Quader.

Deshalb fehlen $\dfrac{2}{20} = \dfrac{10}{100} = 10\,\%$ des Quaders.

Oder: Der volle Quader bestünde aus $4 \cdot 5 \cdot 2 = 40$ Würfeln, davon fehlen 4,

also fehlen $\dfrac{4}{40} = \dfrac{10}{100} = 10\,\%$ des Quaders.

3 a) $(12\,\text{m} : 100) \cdot 27 = 12\,\text{cm} \cdot 27 = \mathbf{324\,cm}$
b) $(1\,\text{kg} : 100) \cdot 13 = 0{,}01\,\text{kg} \cdot 13 = \mathbf{0{,}13\,kg}$
c) $(1\,\text{h} : 100) \cdot 15 = (60\,\text{min} : 100) \cdot 15 = 0{,}6\,\text{min} \cdot 15 = \mathbf{9\,min}$
d) $(65\,\text{dm}^2 : 100) \cdot 32 = 65\,\text{cm}^2 \cdot 32 = \mathbf{2\,080\,cm^2}$

4 Um einen Bruch in Prozentschreibweise darstellen zu können, muss man so kürzen und/oder
erweitern, dass im Nenner 100 steht. Um einen Bruch auf den Nenner 100 erweitern zu können, darf der Nenner des Bruches nur ein Teiler von 100 sein. Wegen $100 = 2^2 \cdot 5^5$ sind das genau die Zahlen **1, 2, 4, 5, 10, 20, 25, 50** und **100**.

5 Bei Prozentangaben handelt es sich nicht um absolute Mengenangaben, sondern nur um an-
teilige Mengen. Der Fettgehalt (in Prozent) bleibt daher unabhängig von der Menge Joghurt
immer gleich. Zwei Becher Joghurt zusammen haben also auch einen Fettgehalt von **3 %**.
Probe: 3 % von 150 g sind 4,5 g. In 2 Becher Joghurt ($= 300$ g) sind daher 9 g Fett,

das sind $\dfrac{9}{300} = \dfrac{3}{100} = 3\,\%$.

6   Sinnvoll sind neben absoluten Mengenangaben (die hier nicht zur Verfügung stehen) nur Angaben in Prozent.

Erneuerbare Energie: $\frac{1}{10} = \mathbf{10\,\%}$, Steinkohle: $\frac{11}{50} = \frac{22}{100} = \mathbf{22\,\%}$, Kernenergie: $\frac{81}{300} = \frac{27}{100} = \mathbf{27\,\%}$,

Sonstige: $\frac{15}{250} = \frac{3}{50} = \frac{6}{100} = \mathbf{6\,\%}$

Die restlichen Werte erhält man durch Messen der Mittelpunktswinkel:

Braunkohle: $\frac{90°}{360°} = \frac{1}{4} = \mathbf{25\,\%}$, Erdgas: $\frac{36°}{360°} = \frac{1}{10} = \mathbf{10\,\%}$

7 $2{,}5\,\% = \frac{2{,}5}{100} = \frac{5}{200} = \frac{1}{40}$ und $120\,€ : 40 = 3\,€$.

Am Ende des Jahres beträgt Julians Guthaben **123 Euro**.

8   **a)** $\frac{7}{500} = \frac{14}{1000} = \mathbf{14\,\text{‰}}$; $\frac{3}{8} = \frac{3 \cdot 125}{8 \cdot 125} = \frac{375}{1000} = \mathbf{375\,\text{‰}}$; $\frac{11}{40} = \frac{275}{1000} = \mathbf{275\,\text{‰}}$

Der Bruch $\frac{17}{300}$ lässt sich nicht auf den Nenner 1000 erweitern und eine Angabe in Promille ist daher nicht möglich. Begründung: 17 ist eine Primzahl, der Bruch lässt sich daher nicht kürzen und 300 ist kein Teiler von 1000.

    b) $150\,\text{‰} = \frac{150}{1000} = \mathbf{\frac{3}{20}}$; $35\,\text{‰} = \frac{35}{1000} = \mathbf{\frac{7}{200}}$; $16\,\text{‰} = \frac{16}{1000} = \mathbf{\frac{2}{125}}$; $625\,\text{‰} = \frac{625}{1000} = \frac{25}{40} = \mathbf{\frac{5}{8}}$

9   Die Zahlen -300 und 300 müssen auf der Zahlengeraden Platz finden, insgesamt also 600 Zahlen. Wählt man als Länge 12 cm, dann zeichnet man pro Zentimeter $600 : 12 = 50$ Zahlen.

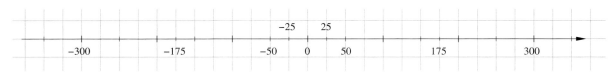

10   B = Bauer, W = Wolf, Z = Ziege, K = Kohlkopf

B W Z K (Fluss)   Der Bauer fährt zuerst die Ziege an das andere Ufer.
W K (Fluss) B Z   Er fährt allein zurück und holt den Kohlkopf.
W (Fluss) B Z K   Die Ziege nimmt er wieder mit zurück.
B W Z (Fluss) K   Dann bringt er den Wolf an das andere Ufer.
Z (Fluss) B W K   Er fährt alleine zurück und holt die Ziege.
(Fluss) B W Z K

Bruchzahlen (S. 10–11)

1   Die Einheit ist 12 cm, ein Zentimeter ist also $\frac{1}{12}$ eines Ganzen, ein halber Zentimeter (1 Kästchen) ist $\frac{1}{24}$ des Ganzen.

2   **a)** $17 : 5 = 3\,\text{R}\,2$. Die nächstgrößere ganze Zahl ist **4**.

    b) $-58 : 12 = -4\,\text{R}\,10$. Die nächstgrößere ganze Zahl ist **-4**.

    c) $40\,307 : 131 = 307\,\text{R}\,90$. Die nächstgrößere ganze Zahl ist **308**.

    d) $-371 : 27 = -13\,\text{R}\,20$. Die nächstgrößere ganze Zahl ist **-13**.

3 a) Gehe die verschiedenen möglichen Nenner nacheinander durch:

Nenner 1: $\frac{1}{1} = 1$, $\frac{2}{1} = 2$, dazwischen liegt kein Bruch mit Nenner 1.

Nenner 2: $\frac{2}{2} = 1$, $\frac{4}{2} = 2$, dazwischen liegt der Bruch $\frac{3}{2} = 1\frac{1}{2}$.

Nenner 3: $\frac{3}{3} = 1$, $\frac{6}{3} = 2$, dazwischen liegen die Brüche $\frac{4}{3} = 1\frac{1}{3}$ und $\frac{5}{3} = 1\frac{2}{3}$.

…

Nenner 9: $\frac{9}{9} = 1$, $\frac{18}{9} = 2$, dazwischen liegen die Brüche $\frac{10}{9} = 1\frac{1}{9}$, $\frac{11}{9} = 1\frac{2}{9}$, …, $\frac{17}{9} = 1\frac{8}{9}$.

Insgesamt sind das $1 + 2 + … + 8 = $ **36 Stück.**

Kürzt man alle Brüche vollständig, werden es noch etwas weniger, da wertgleiche Brüche ja denselben Punkt auf der Zahlengerade darstellen:

$\frac{4}{3} = \frac{8}{6} = \frac{12}{9}$; $\frac{5}{3} = \frac{10}{6} = \frac{15}{9}$; $\frac{3}{2} = \frac{6}{4} = \frac{9}{6} = \frac{12}{8}$; $\frac{5}{4} = \frac{10}{8}$; $\frac{7}{4} = \frac{14}{8}$

Man muss also noch mal 9 Brüche abziehen und erhält damit **27 unterschiedliche Bruchzahlen.**

b) Es sind **ebenfalls 36 Stück**, da man die Brüche als gemischte Zahlen schreiben kann und dann kommt es dabei nur auf den Bruch und nicht auf die ganze Zahl an:

$-13\frac{1}{2}, -13\frac{1}{3}, -13\frac{2}{3}, …, -13\frac{8}{9}$.

Zählt man wieder nur die vollständig gekürzten Brüche, so sind es ebenfalls **27 Stück.**

4 a) $\frac{9}{7} = 1\frac{2}{7}$ **b)** $2\frac{4}{3} \cdot \frac{22}{9}$ **c)** $\frac{11}{8} = 1\frac{3}{8}$ und $360° \cdot \frac{3}{8} = 45° \cdot 3$

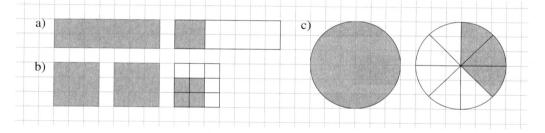

5 a) Insgesamt werden $693 + 378 + 189 = 1\,260$ Fahrzeuge hergestellt. Die Kleinwagen haben daran einen Anteil von $\frac{693}{1\,260} = \frac{77}{140} = \frac{11}{20} = \frac{55}{100} = $ **55 %**, auf die Kombis entfallen $\frac{378}{1\,260} = \frac{6}{20} = \frac{30}{100} = $ **30 %** und $100\% - (55\% + 30\%) = $ **15 %** wurden demnach von den Cabrios produziert. (Probe: $\frac{189}{1\,260} = \frac{3}{20} = \frac{15}{100}$)

b) Kleinwagen: $693 : 7 = 99$, $\frac{99}{1\,260} = \frac{11}{140}$ Kombi: $378 : 9 = 42$, $\frac{42}{1\,260} = \frac{6}{180} = \frac{1}{30}$

Cabrio: $189 : 3 = 63$; $\frac{63}{1\,260} = \frac{7}{140} = \frac{1}{20}$

6 a) **124,56 kg**   **b)** **0,03 cm**   **c)** **3 097,27 km**

d) **2 194,8 cm²**   **e)** **17,5**   **f)** **52,3**

7 Spiel

Teste dich! (S. 12–13)

Bruchteile: … Nenner … ein Ganzes geteilt wurde … Zähler … gezählt werden (genommen wurden)

1   a) $\frac{6}{15} = \frac{2}{5}$ b) $\frac{3}{20}$ c) $\frac{2}{7}$

2   Die Fläche des Parallelogramms ist $A_P = 4\,\text{cm} \cdot 1{,}5\,\text{cm} = 6\,\text{cm}^2$. Davon ein Sechstel ist genau $1\,\text{cm}^2$. Dieser Bruchteil ist leicht einzuzeichnen (= 4 Kästchen). Ein anderer Lösungsweg wäre, das Parallelogramm parallel zu den Seiten zu halbieren und dann vertikal noch in drei Streifen zu zerlegen, damit hat man das Parallelogramm in sechs gleich große Teile unterteilt. Die Fläche des Dreiecks beträgt $A_D = (3\,\text{cm} \cdot 2\,\text{cm}) : 2 = 3\,\text{cm}^2$. Zwei Drittel von $3\,\text{cm}^2$ sind $(3\,\text{cm}^2 : 3) \cdot 2 = 2\,\text{cm}^2$.
Das entspricht der Fläche von acht Kästchen oder der Fläche eines Dreiecks mit den Seiten $a = 2\,\text{cm}$ und $b = 2\,\text{cm}$.

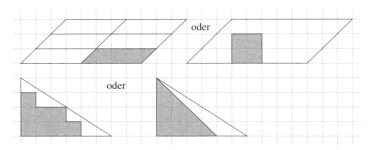

Kürzen und Erweitern: … mit derselben natürlichen Zahl multipliziert … gekürzt … 1

3   Bett $0{,}9\,\text{m} \cdot 2\,\text{m} = 1{,}8\,\text{m}^2$ und $\frac{18}{150} = \frac{3}{25}$; Schrank $0{,}6\,\text{m} \cdot 1{,}8\,\text{m} = 1{,}08\,\text{m}^2$ und $\frac{108}{1\,500} = \frac{9}{125}$;
Regal $0{,}3\,\text{m} \cdot 0{,}7\,\text{m} = 0{,}21\,\text{m}^2$ und $\frac{21}{1\,500} = \frac{7}{500}$; Schreibtisch $0{,}8\,\text{m} \cdot 1{,}5\,\text{m} = 1{,}2\,\text{m}^2$ und $\frac{12}{150} = \frac{2}{25}$

Prozentschreibweise: … sich auf den Nenner 100 kürzen oder erweitern lassen …

4   a) $\frac{1}{100}, \frac{1}{20}, \frac{3}{10}, \frac{2}{5}, \frac{1}{2}, \frac{3}{5}, \frac{7}{10}$ b)   25 %, 10 %, 75 %, 20 %, 100 %, 90 %, 80 %

5   a) $100\,\% - (7\,\% + 18\,\% + 29\,\%)$
         $= 100\,\% - 54\,\% = \mathbf{46\,\%}$

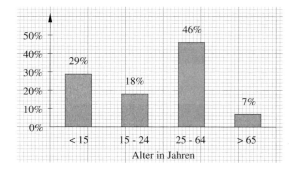

     b)   unter 15-jährige: 29 % von
         6 477 Mio. = 64,77 Mio. · 29
         = **1 878,33 Mio.**
         15- bis 24-jährige: 18 % von
         6 477 Mio. = 64,77 Mio. · 18
         = **1 165,86 Mio.**
         25- bis 64-jährige: 46 % von
         6 477 Mio. = 64,77 Mio. · 46
         = **2 979,42 Mio.**
         über 65-jährige: 7 % von 6 477 Mio. = 64,77 Mio. · 7 = **453,39 Mio.**
         Probe: 1 878,33 + 1 165,86 + 2 979,42 + 453,39 = 6 477

Bruchzahlen: … rechts von 1 … rationale Zahlen …

6 $-1\frac{3}{4}$ ist die kleinste und $2\frac{1}{2}$ ist die größte Zahl, die an der Zahlengeraden Platz finden muss. Daher sollte man die Zahlengerade von -2 bis 3 zeichnen, mit Einheit 3 cm wird sie 15 cm lang. $2\frac{1}{2}$ liegt in der Mitte von 2 und 3; $\frac{28}{21} = 1\frac{1}{3}$ liegt 1 cm rechts von 1, da $\frac{1}{3}$ von der Einheit 3 cm genau 1 cm ist; $-\frac{2}{6} = -\frac{1}{3}$ liegt daher 1 cm links von 0; $-1\frac{3}{4}$ liegt 2,25 cm links von -1, da $(3\,\text{cm} : 4) \cdot 3 = 2,25\,\text{cm}$

7 **a)** $\frac{1}{3}$ von 6 cm = 2 cm, $\frac{1}{2}$ von 6 cm = 3 cm, daher ist der Abstand 3 cm − 2 cm = **1 cm**

b) $\frac{5}{6}$ von 6 cm = 5 cm, $\frac{1}{4}$ von 6 cm = 1,5 cm, daher ist der Abstand
$(6\,\text{cm} + 1,5\,\text{cm}) - 5\,\text{cm} = \textbf{2,5 cm}$

c) $\frac{1}{6}$ von 6 cm = 1 cm, der Abstand ist daher 1 cm + 1 cm = **2 cm**

d) $\frac{6}{9} = \frac{2}{3}$ und $\frac{2}{3}$ von 6 cm = 4 cm; $\frac{25}{12} = 2\frac{1}{12}$ und $\frac{1}{12}$ von 6 cm = 0,5 cm; der Abstand ist
$(2 \cdot 6\,\text{cm} + 0,5\,\text{cm}) - 4\,\text{cm} = \textbf{8,5 cm}$

Lösungen Kapitel 2 – Dezimalzahlen

Dezimale Schreibweise (S. 14–15)

1 **a)** $357{,}803 = 357\,\frac{803}{1\,000}$

b) $11{,}305 = 11\,\frac{305}{1\,000} = 11\,\frac{61}{200}$

c) $0{,}6168 = \frac{6\,168}{10\,000} = \frac{771}{1\,250}$

2 **a)** **Wahr**, weil zwischen zwei Dezimalzahlen immer eine weitere liegt. Beispiele: zwischen 2,3 (= 2,30) und 2,31 liegt 2,305; weiter liegt zwischen 2,3 und 2,305 z. B. die Zahl 2,304; zwischen 2,304 und 2,305 liegt 2,3041 usw.

b) **Wahr**, denn das ist genau die Beschreibung, wie Dezimalzahlen umgeformt werden.

c) **Falsch**, z. B. 1,0001 < 1,2

d) **Falsch**, denn bei Dezimalzahlen gibt es weder einen direkten Nachfolger noch einen direkten Vorgänger (vgl. auch Aufgabe a).

3 **a)** Die Einheit ist 10 cm, also steht mit Abstand 10 cm von der Null die 1 und mit Abstand 1 cm von der Null die Zahl 0,1.

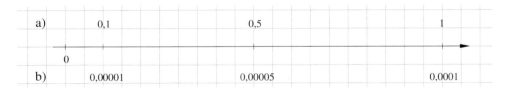

b) Die 1 hat zur Null einen Abstand von 1 km, dann steht bei 100 m Abstand die 0,1, bei 10 m Abstand die 0,01; …; bei 10 cm Abstand die 0,0001 und bei 1 cm Abstand die 0,00001.

4 **a)** $\ldots = 11{,}1 \cdot 60\,\text{min} = \mathbf{666\,min} = \mathbf{39\,960\,s}$

b) $\ldots = 7{,}35 \cdot 60\,\text{min} = \mathbf{441\,min} = \mathbf{26\,460\,s}$

c) $\ldots = 0{,}13 \cdot 60\,\text{min} = 7{,}8\,\text{min}$
$= 7\,\text{min} + 0{,}8 \cdot 60\,\text{s} = \mathbf{7\,min\,48\,s} = \mathbf{468\,s}$

5 Zur Darstellung eignet sich ein Säulendiagramm.
Am besten rechnest du alle Werte in dieselbe Einheit (mm) um:
Hundefloh 3 mm; Zecke 4 mm;
Kopflaus 2,5 mm; Rote Waldameise 9 mm;
Hausstaubmilbe 0,5 mm

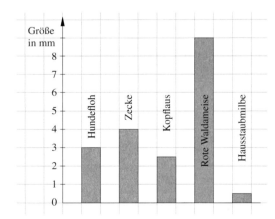

6 Sortiere die Zahlen zuerst der Größe nach: 205,800 < 205,807 < 205,813.
Zum Finden der Einheit kann man gedanklich alle gleichen Stellen vorne wegstreichen. Dann sieht man, dass man Zahlen von 0 Tausendstel bis 13 Tausendstel an der Zahlengerade eintragen muss. Wählt man den Abschnitt der Zahlengerade 13 cm lang, so zeichnet man pro Zentimeter ein Tausendstel. Darum haben die Ganzen (Einer) einen Abstand von 1000 Zentimeter auf der Zahlengerade, die Einheit ist daher 1000 cm = **10 m**.

7 **a)** $2\,852 : (-23) = \underline{}$

Rechne zunächst ohne Vorzeichen: $2\,852 : 23 = 124$. Da im Term genau ein Minus auftritt, erhält auch das Ergebnis ein negatives Vorzeichen. Der Wert des Quotienten ist daher **−124**.

b) $\underline{} \cdot (-17) = 235$

Die Umkehrung lautet $235 \cdot (-17) = -3\,995$. Der Dividend ist daher **−3 995**.

8 G steht für grauen Frosch und B für blauen Frosch. Die einzelnen Schritte sind:

GGG – BBB   GG – GBBB   GGBG – BB   GGBGB – B   GGB – BGB

G – BGBGB   – GBGBGB   BG – GBGB   BGBG – GB   BGBGBG –

BGBGB – G   BGB – BGG   B – BGBGG   BB – GBGG   BBBG – GG

BBB – GGG

Umwandeln von Brüchen in Dezimalzahlen (S. 16–17)

1 $57,4\,\% = 0,574;\ \dfrac{51}{120} = \dfrac{17}{40} = \dfrac{425}{1\,000} = 0,425;\ 3\,\dfrac{49}{56} = 3\,\dfrac{7}{8} = 3\,\dfrac{875}{1\,000} = 3,875$

Z	E	,	z	h	t	zt
2	8	,	0	7	5	3
	0	,	5	7	4	
	0	,	4	2	5	
	3	,	8	7	5	

2 **a)** Alle Zahlen $\geq 3,75$ und $< 3,85$ ergeben gerundet die Zahl 3,8.

Alle Zahlen $\geq 3,795$ und $< 3,805$ ergeben gerundet die Zahl 3,80.

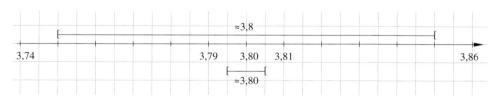

b) Wie man im Beispiel sieht, ist der Bereich der Zahlen, die sich hinter der gerundeten Zahl 3,80 verbergen, wesentlich kleiner als der Bereich für 3,8. Würde man daher bei gerundeten Dezimalzahlen Endnullen weglassen, wäre die Angabe ungenauer.

Die Endnullen geben an, auf welche Stelle gerundet wurde.

3 Die Mitte findest du durch Abzählen an der Zahlengeraden oder durch Ausrechnen:

$(7,2 - 6,4) : 2 = 0,4$ und $6,4 + 0,4 = 6,8$

a) $\dfrac{108}{15} = 7\,\dfrac{3}{15} = 7\,\dfrac{1}{5} = 7,2$ Die Mitte von 6,4 und 7,2 ist **6,8**.

b) $\dfrac{7}{8} = 0,875$ Genau zwischen 0,875 und 1,125 liegt **1**.

c) $3\,\dfrac{21}{28} = 3\,\dfrac{3}{4} = 3,75$ Die Mitte von 1,25 und 3,75 ist **2,5**.

4 **a)** Vorne muss eine kleine Ziffer gestrichen werden: streiche Null und erhalte **0,785 64**.

b) Füge vorne eine Stelle hinzu mit möglichst hoher Ziffer: **90,078 564**

c) Vorne müssen höhere Ziffern durch kleinere „ersetzt" werden. Streichst du an der Tausendstelstelle die 8, tritt an ihre Stelle die 5, also **0,075 64**.

d) Vorne müssen die Ziffern möglichst klein sein, also füge eine Null ein: **0,007 856 4**

5   Jeder Bruch kann als Quotient geschrieben werden, also teile Zähler durch Nenner:

   a) $1 : 9 = 0,111111..... \approx \mathbf{0,111}$

   b) $1 : 11 = 0,09090909... \approx \mathbf{0,09}$ oder $\approx \mathbf{0,091}$ oder $\approx \mathbf{0,0909}$

   c) $1 : 7 = 0,14285714285714... \approx \mathbf{0,142857}$ oder $\approx \mathbf{0,142857142857}$

   Hinweis: Wie dir beim Dividieren sicher aufgefallen ist, wiederholen sich irgendwann die Reste, so dass sich immer wieder dieselben Zahlenfolgen ergeben. Diese Zahlenfolgen nennt man Periode. Näheres dazu lernst du in Kapitel 5.

6 $31\,300\,000 : 34\,300\,000 = 313 : 343 = 0,912\,5 ... \approx 0,913 = \mathbf{91,3\,\%}$

7   Damit die gewürfelte Zahl möglichst groß wird, muss man den Würfel mit der höheren Augensumme an die erste Stelle setzen. Im Baumdiagramm zeigt die erste Stufe die Augenzahl des ersten Würfels, die zweite Stufe die Augenzahl des zweiten Würfels (diese kann nicht größer als auf Stufe 1 sein).
   Es ergeben sich $1 + 2 + 3 + 4 + 5 + 6 = \mathbf{21\ Möglichkeiten}$.

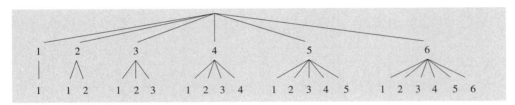

8 $\frac{1}{5} = 0,2$; $\frac{1}{2} = 50\,\%$; $\frac{1}{20} = 5\,\%$; $\frac{3}{4} = 0,75$; $\frac{1}{8} = 0,125$; $\frac{3}{12} = \left(\frac{1}{4} = \right) 0,25$; $11\,\% = 0,11$; $45\% = 0,45$

Teste dich! (S. 18–19)

Dezimale Schreibweise: ... Dezimalzahlen ... Zehntel, Hundertstel, Tausendstel, ... weiter rechts liegen.

1   Streiche gedanklich die ersten übereinstimmenden Stellen. Dann musst du die Zahlen von 779 bis 801 eintragen. Pro Zentimeter trägst du daher zwei Zahlen an (2 Hunderttausendstel).

2   Eine Skizze hilft dir bei dieser Aufgabe weiter:
   Das längliche Kuvert ist mit 22 cm etwas breiter als der Briefbogen. Wegen $3 \cdot 11\,cm = 33\,cm > 29,7\,cm$ hat das Kuvert auch mehr als ein Drittel der Länge. Wenn Franziska das Papier zweimal horizontal um jeweils ein Drittel faltet, hat das Papier insgesamt nur noch **ein Drittel** seiner Größe und passt in das Kuvert.

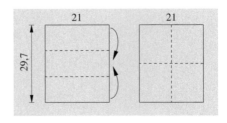

   Das zweite Kuvert ist etwas breiter als die halbe Länge und etwas länger als die halbe Breite des Briefbogens. ($2 \cdot 11,4\,cm = 22,8\,cm > 21\,cm$ und $2 \cdot 16,2\,cm = 32,4\,cm > 29,7\,cm$). Faltet Franziska das Papier einmal horizontal und einmal vertikal, dann hat es noch **ein Viertel** seiner Größe und passt in das zweite Kuvert.

3 **a)** Bei Einheit 50 cm hat 0,01 vom Nullpunkt
einen Abstand von 0,5 cm (1 Kästchen).

b) $A_{ACDE} = 5\,\text{cm} \cdot 4\,\text{cm} = 20\ \text{cm}^2$
$A_{BCD} = (2\,\text{cm} \cdot 4\,\text{cm}) \cdot 2 = 4\ \text{cm}^2$

Der Bruchteil des Dreiecks am Rechteck

ist damit $\frac{4\,\text{cm}^2}{20\,\text{cm}^2} = \frac{1}{5}$.

Diesen Wert kannst du auch ermitteln,
indem du die Kästchen zählst:
Das Rechteck besteht aus 80 Kästchen,
das Dreieck aus 16 Kästchen.

Der Bruchteil ist $\frac{16}{80} = \frac{1}{5}$.

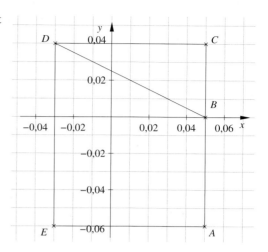

Umwandeln von Brüchen in Dezimalzahlen: … der Nenner des vollständig gekürzten Bruchs
nur die Teiler 2 und 5 besitzt … um 2 Stellen nach rechts.

4

$\frac{1}{8}$	$\frac{1}{5}$	$\frac{1}{4}$	$\frac{3}{8}$	$\frac{2}{5}$	$\frac{1}{2}$	$\frac{3}{5}$	$\frac{5}{8}$	$\frac{3}{4}$	$\frac{4}{5}$	$\frac{7}{8}$
0,125	0,2	**0,25**	0,375	**0,4**	**0,5**	0,6	**0,625**	**0,75**	**0,8**	0,875
12,5 %	20 %	25 %	**37,5 %**	**40 %**	50 %	**60 %**	62,5 %	75 %	80 %	87,5 %

5 **a)** 4,2 Mio. · 3 = **12,6 Mio.** Menschen

b) 4 200 000 Einwohner : 17 500 km² = **240** Einwohner pro km²

c) Ober-/Niederbayern, Oberpfalz, Schwaben, Ober-/Unter- und Mittelfranken

6 Erinnere dich: Ein Winkel wird immer vom ersten Schenkel zum zweiten Schenkel gegen den
Uhrzeigersinn gemessen.

$\sphericalangle ABC = $ **90°** (rechter Winkel), $\sphericalangle BCD = $ **335°** (überstumpfer Winkel)
$\sphericalangle EDC = $ **180°** (gestreckter Winkel), $\sphericalangle FEC = $ **144°** (stumpfer Winkel)
$\sphericalangle AFE = $ **56°** (spitzer Winkel)

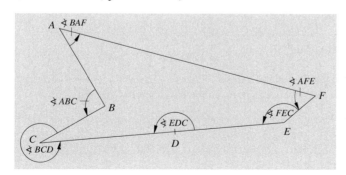

Lösungen Kapitel 3 – Relative Häufigkeit

Relative Häufigkeit (S. 20–21)

1 a) Bei 20 Versuchen ist die relative Häufigkeit eines Ereignisse $\frac{1}{20} = 0,05$. Entsprechend berechnen sich die relativen Häufigkeiten der einzelnen Farben. Wurde z. B. 5-mal Blau, 2-mal Gelb, 3-mal Lila, 4-mal Rot und 6-mal Orange gezogen, ergeben sich die relativen Häufigkeiten wie im nebenstehenden Diagramm.

b) Bei 40 Versuchen ist die relative Häufigkeit eines Ereignisses 0,025.

c) Bei sehr vielen Versuchen ist nach dem Gesetz der großen Zahlen zu erwarten, dass alle Farben gleich häufig auftreten, d.h. dass alle Farben eine relative Häufigkeit von $\frac{1}{5} = \mathbf{0,2}$ haben. Dies trägt man als horizontale Linie in das Diagramm ein.
Bei euren Versuchen sollten die Ergebnisse von 40 Versuchen näher an dieser Linie liegen als die von 20 Versuchen, obwohl auch 40 noch keine sehr hohe Anzahl an Versuchen ist. Liegen einige eurer Ergebnisse sehr weit von 0,2 weg, so könnte das folgende Ursachen haben: die Stifte wurden nicht richtig gemischt; es wurde nicht blind gezogen, dadurch wurden einige Farben bevorzugt; die Stifte waren nicht gleichartig, so dass man automatisch immer zu den selben Stiften gegriffen hat (z. B. einer dicker oder länger).

2 10 % der Urlauber fahren allein, das sind laut Tafel 3 Leute. Also verreisen insgesamt $3 \cdot 10 = 30$ Reisende (100 %), davon reisen $30 - 3 = 27$ mit einer Gruppe. Deshalb reisen insgesamt $27 + 7 = 34$ Personen mit einer Gruppe.
Ein Zwölftel der Personen, die nicht in den Urlaub fahren und mit einer Gruppe unterwegs sind, sind laut Tafel 7 Personen. Also fahren insgesamt $7 \cdot 12 = 84$ Personen nicht in den Urlaub.
Insgesamt befinden sich $30 + 84 = 114$ Personen in dem Zug, davon reisen $114 - 34 = 80$ alleine.
Als letzte Zahl in der Tafel ergibt sich $80 - 3 = 84 - 7 = 77$.

	Urlaub	Kein Urlaub	
Allein	3	77	80
Gruppe	27	7	34
	30	84	114

3 a) Wird ein Versuch n-mal ausgeführt, dann kann ein Ergebnis gar nicht auftreten oder einmal, zweimal, … oder n-mal. Daher ergibt sich für die relativen Häufigkeiten $\frac{0}{n} = 0, \frac{1}{n}, \frac{2}{n}, \dots, \frac{n}{n} = 1$. Die Werte liegen auf der Zahlengeraden alle **im Bereich von 0 bis 1**.

b) Ein Ergebnis kann gar nicht eintreten, einmal, zweimal, dreimal, … Die absoluten Häufigkeiten liegen also in der Zahlenmenge $\mathbb{N}_0$.

4 Das Glücksrad ist in $360° : 9° = 40$ Felder unterteilt. Das Feld mit dem Hauptgewinn ist daher

ein Vierzigstel des gesamten Glücksrades: $\frac{1}{40} = \frac{25}{1\,000} = \mathbf{2,5\,\%}$.

Nieten $\frac{24}{40} = \frac{3}{5} = 0,6 = \mathbf{60\,\%}$, Trostpreise $\frac{8}{40} = \frac{1}{5} = \mathbf{20\,\%}$,

noch einmal drehen: $\frac{5}{40} = \frac{1}{8} = \mathbf{12,5\,\%}$, CD $\frac{2}{40} = \frac{1}{20} = \mathbf{5\,\%}$.

Probe: $2,5\,\% + 60\,\% + 20\,\% + 12,5\,\% + 5\,\% = 100\,\%$

5 Bei einem ungezinkten Würfel müssten alle Augenzahlen in etwa gleich häufig auftreten

mit relativer Häufigkeit um $\frac{1}{6}$, bei 1000 Versuchen müsste sich also jede Augenzahl ungefähr

167 Mal ergeben.

Bei Monas Würfel müsste die Sechs sehr viel häufiger sein und die Eins auf der gegenüberliegenden Seite sehr viel weniger. Die Zahlen 2, 3, 4 und 5 kommen in etwa gleich häufig vor,
aber wahrscheinlich auch etwas weniger als normal. Die Tabelle könnte in etwa so aussehen:

	1	2	3	4	5	6
Absolute Häufigkeit	13	111	135	128	101	512
Relative Häufigkeit	1,3 %	11,1 %	13,5 %	12,8 %	10,1 %	51,2 %

6 $\ldots = -13 \cdot (23 - 57) = -13 \cdot (-34) = \mathbf{442}$

7 $\ldots = 55\,555 + 4\,444 + 1 + 333 + 22$
$= 59\,999 + 1 + 333 + 22 = 60\,000 + 355$
$= \mathbf{60\,355}$

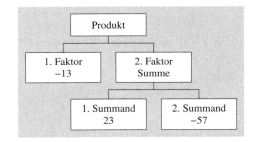

Teste dich! (S. 22–23)

Zufallsexperiment: … vom Zufall ab … Strichlisten, Tabellen, Diagramme, Vierfeldertafeln

1 a) **Ja** (aber die Karten müssen gut gemischt sein).

 b) **Ja** (die möglichen Ergebnisse sind: weiß, gelb, rot, orange, grün).

 c) **Nein**, jede Telefonnummer ist genau einem Teilnehmer zugeordnet. Auch wenn ich
 zufällig eine Nummer wähle, ist mir zwar nicht bekannt, wer an der anderen Leitung sein
 wird, es wird aber eine bestimmte Person sein.

 d) **Nein**, man kreuzt die Zahlen ja bewusst an. Das Ziehen der Lottozahlen hingegen ist ein
 Zufallsexperiment.

 e) **Nein**, bei Eingabe einer Nummer steht schon vorher fest, ob das Schloss aufgeht oder
 nicht, egal ob ich die Nummer des Zahlenschlosses kenne oder nur „rumprobiere".

Absolute und relative Häufigkeit: … relativen Häufigkeit … absolute Häufigkeit …

2 20 % bei Herz entspricht einer absoluten Häufigkeit von 60, also wurde insgesamt
$5 \cdot 60 = 300$ Mal gezogen.

	Eichel	Gras	Herz	Schell
Absolute Häufigkeit	**102**	75	60	63
Relative Häufigkeit	$\frac{34}{100} = \frac{17}{50} = 34\,\%$	$\frac{75}{300} = \frac{1}{4} = 25\,\%$	$\frac{1}{5} = 20\,\%$	$\frac{63}{300} = \frac{21}{100} = 21\,\%$

Probe: $102 + 75 + 60 + 63 = 300$ und $34\,\% + 25\,\% + 20\,\% + 21\,\% = 100\,\%$

3 Die Angabe 20 kg ist für die Berechnung unwesentlich, entscheidend sind die Stückzahlen.

Pfirsich: $\frac{2}{20} = \frac{1}{10} = 10\,\% < 15\,\%$, die Kiste ist gut.

Pflaumen: $\frac{6}{40} = \frac{3}{20} = 15\,\%$, die Kiste geht gerade noch durch.

Aprikosen: $\frac{5}{25} = \frac{1}{5} = 20\,\% > 15\,\%$, dieses Obst geht zurück.

Gesetz der großen Zahlen: … einem bestimmten Wert annähert.

4 Fünf aus Hundert sind mit Senf gefüllt, das entspricht einer Chance von $\frac{5}{100} = \mathbf{5\,\%}$.

5 Werden 2 Würfel gleichzeitig geworfen, gibt es $6 \cdot 6 = 36$ verschiedene mögliche Ergebnisse: 1-1, 1-2, 1-3, … , 6-5, 6-6
Genau 6 von diesen Ergebnissen sind ein Pasch (1-1, 2-2, … , 6-6)

Nach dem Gesetz der großen Zahlen wird bei $\frac{6}{36} = \frac{1}{6}$ aller Versuche ein Pasch geworfen,

das sind bei 600 000 Versuchen etwa $600\,000 : 6 = \mathbf{100\,000\ Mal}$.

Die Vierfeldertafel: … Zeile oder Spalte

6 Die Werte 56 %, 5 % und 94 %
(und 100 %) kann man direkt eintragen. Die restlichen Angaben
können daraus berechnet werden.
**1 % der Vokale kommt doppelt
vor.**

	Konsonant	Vokal	
doppelt	5%	1%	6%
einfach	51%	43%	94%
	56%	44%	100%

7 Da man die Anzahl der Schüler
in Drittel, in die Hälfte und in
Fünftel teilen kann, muss die
Klassenstärke ein Vielfaches von
2, 3 und 5 sein. Das sind die Zahlen 30, 60, 90, … , also wird die
Klasse 30 Schüler haben.

	braun	schwarz	blond	
Jungen	3	3	4	10
Mädchen	12	3	5	20
	15	6	9	30

Ähnlich wie bei der Vierfeldertafel lassen sich die Daten auch hier in eine Tabelle eintragen.

Man kann eintragen: 30 Schüler, 10 ($= \frac{1}{3}$ von 30) Jungen und 20 Mädchen, 15 Braunhaarige

($= \frac{1}{2}$ von 30), 6 Schwarzhaarige ($= \frac{1}{5}$ von 30) und damit 9 Blonde. Davon sind 5 Mädchen und

4 Jungen. 60 % von 20 Mädchen sind $\frac{3}{5}$ von 20, das sind $20 : 5 \cdot 3 = 12$, also 12 Mädchen

haben braune Haare. Daraus ergibt sich in den noch leeren Kästchen jeweils die Zahl 3.

Lösung: **3 Jungen haben schwarze Haare.**

Lösungen Kapitel 4 –
Addition und Subtraktion mit nicht-negativen Zahlen

Addition und Subtraktion von Brüchen (S. 24–25)

1 a) Das große Dreieck nimmt ein Viertel der Fläche ein, das kleine Dreieck $\frac{1}{4 \cdot 4} = \frac{1}{16}$ der

Fläche. Zusammen sind das $\frac{1}{4} + \frac{1}{16} = \frac{4+1}{16} = \mathbf{\frac{5}{16}}$.

b) Die linke Hälfte ist in 4 Teile geteilt, also ist ein Teilstück ein Achtel des ganzen Kreises.
Ein Teil des rechten Halbkreises ist ein Vierzehntel des ganzen Kreises.

Insgesamt $\frac{1}{8} + \frac{2}{14} = \frac{1}{8} + \frac{1}{7} = \frac{7+8}{56} = \mathbf{\frac{15}{56}}$.

c) $\frac{2}{5 \cdot 4} + \frac{1}{2 \cdot 4} + \frac{1}{3 \cdot 2} = \frac{1}{10} + \frac{1}{8} + \frac{1}{6} = \frac{12+15+20}{120} = \mathbf{\frac{47}{120}}$

2 a) 1. Term mit Kürzen: $\frac{5}{7} + \frac{8}{22} = \frac{5}{7} + \frac{4}{11} = \frac{55+28}{77} = \frac{83}{77} = 1\frac{6}{77}$

1. Term ohne Kürzen: $\frac{5}{7} + \frac{8}{22} = \frac{5 \cdot 22 + 8 \cdot 7}{154} = \frac{110+56}{154} = \frac{166}{154} = 1\frac{12}{154} = 1\frac{6}{77}$

(wegen der größeren Zahlen schwieriger)

2. Term mit Kürzen: $\frac{20}{36} - \frac{7}{18} = \frac{5}{9} - \frac{7}{18} = \frac{10-7}{18} = \frac{3}{18} = \frac{1}{6}$

2. Term ohne Kürzen: $\frac{20}{36} - \frac{7}{18} = \frac{20-14}{36} = \frac{6}{36} = \frac{1}{6}$

(schneller, da oben „zu viel" gekürzt wurde)

Die beste Möglichkeit wäre gewesen, vorausschauend zu kürzen: $\frac{20}{36} - \frac{7}{18} = \frac{10}{18} - \frac{7}{18} = \frac{3}{18} = \frac{1}{6}$

b) 1. Term mit einem Hauptnenner: $\frac{1}{5} + \frac{1}{2} + \frac{7}{15} = \frac{6+15+14}{30} = \frac{35}{30} = 1\frac{5}{30} = 1\frac{1}{6}$

1. Term mit mehreren Hauptnennern: $\frac{1}{5} + \frac{1}{2} + \frac{7}{15} = \frac{2+5}{10} + \frac{7}{15} = \frac{7 \cdot 3 + 7 \cdot 2}{30} = \frac{35}{30} = 1\frac{5}{30} = 1\frac{1}{6}$

2. Term mit einem Hauptnenner: $\frac{1}{21} + \frac{1}{6} - \frac{1}{5} = \frac{10+35-42}{210} = \frac{3}{210} = \frac{1}{70}$

2. Term mit mehreren Hauptnennern: Von den Nennern her sollte man zuerst $\frac{1}{6} - \frac{1}{5}$

berechnen. Das ergibt aber eine negative Zahl, weil ein Fünftel größer ist als ein Sechstel.

Daher rechnet man besser so: $\frac{1}{21} + \frac{1}{6} - \frac{1}{5} = \frac{2+7}{42} - \frac{1}{5} = \frac{9 \cdot 5 - 42}{210} = \frac{3}{210} = \frac{1}{70}$

Die Rechnung mit einem gemeinsamen Hauptnenner geht in beiden Fällen schneller.
Je größer die Zahlen im Nenner werden, umso schwieriger wird aber auch die Suche
nach dem gemeinsamen Hauptnenner.

3 Kommutativgesetz für Addition: $\frac{1}{4} + \frac{1}{3} = \frac{3+4}{12} = \frac{4+3}{12} = \frac{1}{3} + \frac{1}{4}$

Assoziativgesetz für Addition: $\frac{1}{2} + \left(\frac{1}{3} + \frac{1}{4}\right) = \frac{1}{2} + \frac{7}{12} = \frac{13}{12}; \frac{1}{2} + \frac{1}{3} + \frac{1}{4} = \frac{6+3+4}{12} = \frac{13}{12}$

Kommutativ- und Assoziativgesetz gelten, weil sie auch für die Addition von natürlichen
Zahlen gelten.

Kommutativgesetz für Subtraktion: $\frac{1}{3} - \frac{1}{4} = \frac{4-3}{12} = \frac{1}{12}; \frac{1}{4} - \frac{1}{3} < 0$.

Das Kommutativgesetz gilt nicht.

Assoziativgesetz für Subtraktion: $\frac{1}{2} - \left(\frac{1}{3} - \frac{1}{6}\right) = \frac{1}{2} - \frac{1}{6} = \frac{2}{6} = \frac{1}{3}$; aber $\frac{1}{2} - \frac{1}{3} - \frac{1}{6} = \frac{3-2-1}{6} = 0$.

Das Assoziativgesetz gilt nicht.

4   Der November hat 30 Tage, also ist 1 Tag $= \frac{1}{30}$ des Monats. Nicht anwesend war Sabine

$\frac{1}{3} + \frac{4}{15} + \frac{1}{30} = \frac{10 + 8 + 1}{30} = \frac{19}{30}$ des Monats, also verbrachte sie nur **11 Tage** in der Schule.

5   a) $126 = 2 \cdot \underline{3} \cdot 3 \cdot \underline{7}$; $105 = \underline{3} \cdot 5 \cdot 7$; kgV$(126; 105) = 2 \cdot 3 \cdot 3 \cdot 5 \cdot 7 = \mathbf{630}$

     b) $33 = \underline{3} \cdot \underline{11}$; $462 = 2 \cdot 3 \cdot 7 \cdot \underline{11}$; kgV$(33; 462) = 2 \cdot 3 \cdot 7 \cdot 11 = \mathbf{462}$
        33 ist ein Teiler von 462, deshalb ist das kgV$(33; 462) = 462$.

     c) $91 = 7 \cdot 13$; $180 = 2^2 \cdot 3^2 \cdot 5$; kgV$(91; 180) = 2^2 \cdot 3^2 \cdot 5 \cdot 7 \cdot 13 = \mathbf{178\,380}$
        Die Zahlen haben keinen gemeinsamen Teiler, deshalb ist das kgV gleich dem Produkt
        der Zahlen.

6

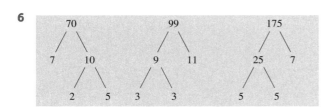

7   Spiel

Addition und Subtraktion von gemischten Zahlen (S. 26–27)

1   a) $\ldots = 3 + 2 + \frac{2}{5} + \frac{7}{6} + \frac{3}{10} - \left(1 + \frac{1}{3} + \frac{8}{15}\right) = 5 + \frac{12 + 35 + 9}{30} - \left(1 + \frac{5 + 8}{15}\right) = 5 + \frac{56}{30} - \left(1 + \frac{13}{15}\right)$

        $= 4 + \frac{56 - 26}{30} = 4 + \frac{30}{30} = \mathbf{5}$

     b) $\ldots = 1 + \frac{3}{4} + \frac{5}{2} - \left(\frac{8}{7} + \frac{3}{5} + \frac{5}{14}\right) = 1 + \frac{13}{4} - \frac{80 + 42 + 25}{70} = 4 + \frac{1}{4} - \frac{147}{70} = 4\frac{1}{4} - \frac{21}{10} = 4\frac{1}{4} - 2\frac{1}{10}$

        $= 2\frac{5 - 2}{20} = \mathbf{2\frac{3}{20}}$

        Man könnte auch zu Beginn die unechten Brüche in gemischte Zahlen umrechnen.
        Das macht ein bisschen mehr Arbeit, aber dafür kann man dann mit kleineren Zahlen im
        Zähler rechnen.

        $\ldots = 1 + \frac{3}{4} + 2\frac{1}{2} - \left(1\frac{1}{7} + \frac{3}{5} + \frac{5}{14}\right) = \ldots$

2

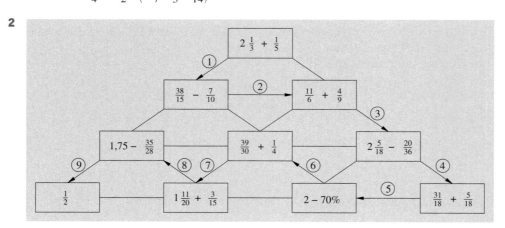

Überschlagen könnte man z. B. so: (1) $\frac{11}{6} < 2 < 2\frac{1}{3}$, deshalb kommt als Ergebnis nur $\frac{38}{15}$
in Frage.

3 Die Uhrzeit 14:20 Uhr kann man zum leichteren Rechnen auch auffassen als $14\frac{20}{60}$ h (nach 0 Uhr). So ergibt sich:

$$14\frac{1}{3}\,h + \frac{3}{4}\,h + \frac{1}{2}\,h + 2\frac{1}{6}\,h = 16\frac{4+9+6+2}{12}\,h = 16\frac{21}{12}\,h = 17\frac{9}{12}\,h = 17\frac{3}{4}\,h \text{ (nach 0 Uhr),}$$

das entspricht der Uhrzeit **17:45 Uhr**.

4 Auf dieser Zahlengerade hat z. B. $3\frac{5}{9}$ einen Abstand von $3\frac{5}{9}$ cm vom Nullpunkt.

a) $3\frac{5}{9}\,cm - 1\frac{1}{7}\,cm = 2\frac{35-9}{63}\,cm = 2\frac{26}{63} \approx \mathbf{2{,}4\,cm}$

b) $135\frac{4}{7}\,cm - 124\frac{17}{21}\,cm = 11\,cm + \frac{12}{21}\,cm - \frac{17}{21}\,cm = 10\frac{33-17}{21}\,cm = 10\frac{16}{21}\,cm \approx \mathbf{10{,}8\,cm}$

c) $2\frac{5}{6}\,cm + 7\frac{1}{16}\,cm = 9\,cm + \frac{40+3}{48}\,cm = 9\frac{43}{48}\,cm \approx \mathbf{9{,}9\,cm}$

d) $11\frac{7}{8}\,cm + 12\frac{3}{4}\,cm = 23\,cm + \frac{7+6}{8}\,cm = 23\frac{13}{8}\,cm = 24\frac{5}{8}\,cm \approx \mathbf{24{,}6\,cm}$

(Längenangaben werden üblicherweise mit Dezimalzahlen angegeben.)

5 $5\frac{5}{12} - \left(\frac{4}{21} + 1\frac{1}{7}\right) + \frac{11}{9} = \left(5\frac{5}{12} + 1\frac{2}{9}\right) - \left(1 + \frac{4+3}{21}\right) = 6\frac{15+8}{36} - 1\frac{7}{21} = 6\frac{23}{36} - 1\frac{1}{3} = 5\frac{23-12}{36} = 5\frac{11}{36}$

Andere Möglichkeit: zuerst nur die Klammer berechnen und dann gleich einen gemeinsamen Hauptnenner bilden

6 1. Stunde: $1\frac{3}{4}$ Kisten; 2. Stunde: $2\frac{1}{3}$ Kisten; 3. Stunde: 2 Kisten

Überschlag: Im Durchschnitt muss sie pro Stunde 2 Kisten Salat putzen. Zuerst liegt sie eine Viertelkiste unter dem Durchschnitt, dann eine Drittelkiste über dem Durchschnitt. Insgesamt reicht es, weil ein Drittel mehr als ein Viertel ist.

Rechnung: $1\frac{3}{4} + 2\frac{1}{3} + 2 = 5 + \frac{9+4}{12} = 5\frac{13}{12} = 6\frac{1}{12}$

7 a) $2\,385 + 15\,683 \approx 2\,000 + 16\,000 = 18\,000$; exaktes Ergebnis **18 068**

b) $9\,002 - 6\,894 \approx 9\,000 - 7\,000 = 2\,000$; exaktes Ergebnis **2 108**

c) $-5\,371 - 806 = -(5\,371 + 806) \approx -(5\,400 + 800) = -6\,200$; exaktes Ergebnis **−6 177**

d) $3\,252 - 4\,994 = -(4\,994 - 3\,252) \approx -(5\,000 - 3\,000) = -2\,000$; exaktes Ergebnis **−1 742**

8 In der Milch ist **genauso viel** Kaffee wie Milch im Kaffee, denn:
Schüttet man einen Teelöffel voll hin und wieder zurück, so ist in beiden Tassen wieder gleich viel Flüssigkeit, und zwar genauso viel wie am Anfang, nur in anderer Zusammensetzung. Der Kaffee, der jetzt in der Milch ist, fehlt in der Kaffeetasse und muss daher mit derselben Menge Milch „aufgefüllt" sein.
Ein Zahlenbeispiel: Am Anfang sind in den Tassen 200 ml Milch und 200 ml Kaffee. Nach dem Hin- und Herschütten, sind in der Milchtasse 198 ml Milch und 2 ml Kaffee. Also sind in der Kaffeetasse (200 ml − 2 ml) = 198 ml Kaffee und (200 ml − 198 ml) = 2 ml Milch.

Addition und Subtraktion von Dezimalzahlen (S. 28–29)

1 **a)** … $= 905{,}41\,\text{kg} + 0{,}099\,9\,\text{kg} + 30{,}702\,\text{kg} \approx 905\,\text{kg} + 0\,\text{kg} + 31\,\text{kg} = 936\,\text{kg}$; exakter Wert **936,211 9 kg**

b) … $= 7{,}542\,6\,\text{km} - 0{,}742\,6\,\text{km} \approx 7{,}5\,\text{km} - 0{,}7\,\text{km} = 6{,}8\,\text{km}$; exakter Wert **6,8 km**

2 **a)** $0{,}21 + 0{,}5 \neq 0{,}26\ (= 0{,}21 + 0{,}05)$. Das richtige Ergebnis ist **737,71**.

b) $\frac{1}{3} \neq 0{,}33$. 0,33 ist nur ein gerundeter Wert, mit dem man nicht exakt rechnen kann. Hier muss mit Brüchen gerechnet werden: $\frac{1}{3} + \frac{1}{4} = \frac{7}{12}$

c) richtig

d) Man darf das Prozentzeichen nicht einfach weglassen beim Rechnen. Richtig ist: … $= 2{,}5070 + 0{,}0313 + 0{,}0700 = \mathbf{2{,}6083}$

3 **a)** $\frac{1}{12}$ und $\frac{1}{15}$ ergeben umgeformt unendliche Dezimalzahlen, weil beide Nenner den Teiler 3 enthalten. Unter Verwendung des Kommutativgesetzes addiert man zuerst die Brüche, dann zeigt sich, dass man mit Dezimalzahlen weiterrechnen kann:

$$\dots = \frac{1}{12} + \frac{1}{15} + 0{,}176 = \frac{5+4}{60} + 0{,}176 = \frac{3}{20} + 0{,}176 = 0{,}15 + 0{,}176 = \mathbf{0{,}326}$$

b) Kürzt man hier die Brüche, so sieht man, dass sie in endliche Dezimalzahlen umgeformt werden können. Dann kann man Plus- und Minusglieder sortieren.

$$\dots = \frac{3}{5} - 1{,}073 + 3{,}8 - \frac{3}{8} = 0{,}6 + 3{,}8 - (1{,}073 + 0{,}375) = 4{,}4 - 1{,}448 = \mathbf{2{,}952}$$

4 Da dreimal so viele Pkw fuhren wie Lkw, ergibt sich als relative Häufigkeit für die Pkw $\frac{3}{4} = 0{,}75$ und für die Lkw 0,25.

Die Werte 0,2806 und $30{,}7\,\% = 0{,}307$ können direkt eingetragen werden. Alle anderen Daten ergeben sich durch Addition oder Subtraktion der anderen Werte in derselben Spalte oder Zeile.

	Ortsans.	Fremde	
Pkw	0,2806	0,4694	0,75
Lkw	0,0264	0,2236	0,25
	0,307	0,693	1

5 **a)** $5{,}016 - 1{,}378\,5 = \mathbf{3{,}637\,5}$. Trägt man diesen Wert anstelle des Platzhalters ein, gilt das Gleichheitszeichen. Bei allen Zahlen, die kleiner sind (auch alle negativen Zahlen), gilt das Ungleichheitszeichen.

b) $7{,}99 - \mathbf{3{,}546} = 4{,}444$

c) $0{,}01 - 28{,}02 = -(28{,}02 - 0{,}01) = -28{,}01$, also $0{,}01 \leq \mathbf{-28{,}01} + 28{,}02$

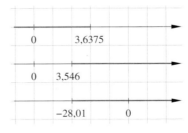

6 **a)** Im Kreisdiagramm steht: Katze **25 %**, Hund **15 %**, Hamster **12 %**, Sonstige **49 %**.

b) Summe der Schülerzahlen: $168 + 99 + 78 + 333 = \mathbf{678}$ (= Anzahl der befragten Schüler) Summe der relativen Häufigkeiten: $0{,}247\,787 + 0{,}146\,017 + 0{,}115\,044 + 0{,}491\,150 = \mathbf{0{,}999\,998}$. Da der Taschenrechner nur sieben Stellen anzeigen kann, wurden die Zahlen einfach abgeschnitten. Deshalb ist die Summe kleiner als 1.
Summe der Prozentsätze: $25\,\% + 15\,\% + 12\,\% + 49\,\% = \mathbf{101\,\%}$. Durch das Runden können Abweichungen von 100 % auftreten. (Hier wurde 3-mal auf- und nur einmal abgerundet.)

7 Erinnere dich: Klammer vor Potenz vor Punkt vor Strich!

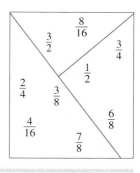

a) $\ldots = 42 \cdot 7 + 27 - 12 = 294 + 15 = \mathbf{309}$

b) $\ldots = (611 - 588)^2 - 126 = 23^2 - 126 = 529 - 126 = \mathbf{403}$

8 Falls du die Lösung nicht gleich findest, erweitere oder kürze alle Brüche auf den Nenner 8 und suche dann die richtige Summe der Zähler.

Teste dich! (S. 30–31)

Addieren und Subtrahieren von Brüchen … gleichnamig … ungleichnamigen … kleinste gemeinsame Vielfache (kgV)

1 Hier ist eine Skizze hilfreich.

Paul isst $\frac{1}{3} + \frac{1}{8} + \frac{2}{4} = \frac{8 + 3 + 12}{24} = \frac{\mathbf{23}}{\mathbf{24}}$; Emma isst $\frac{1}{4} + \frac{3}{8} = \frac{2 + 3}{8} = \frac{\mathbf{5}}{\mathbf{8}}$;

Marie isst $\frac{2}{8} + \frac{1}{3} + \frac{1}{4} = \frac{6 + 8 + 6}{24} = \frac{20}{24} = \frac{\mathbf{5}}{\mathbf{6}}$

Übrig bleibt $3 - \left(\frac{23 + 15 + 20}{24} \right) = \frac{72 - 58}{24} = \frac{14}{24} = \frac{\mathbf{7}}{\mathbf{12}}$.

Oder man rechnet: Von Pauls Pizza bleibt $1 - \frac{2}{3} = \frac{1}{3}$ übrig, bei Marie $1 - \frac{2}{8} - \frac{3}{8} - \frac{1}{8} = \frac{2}{8} = \frac{1}{4}$, macht insgesamt $\frac{1}{3} + \frac{1}{4} = \frac{\mathbf{7}}{\mathbf{12}}$.

2 Die Größe 2 500 m² ist für die Rechnung nicht nötig.

In einem Term rechnet man $1 - \left(\frac{1}{2} + \frac{1}{14} + \frac{1}{21} \right) = 1 - \frac{21 + 3 + 2}{42} = \frac{42 - 26}{42} = \frac{16}{42} = \frac{\mathbf{8}}{\mathbf{21}}$

Da der Hauptnenner $42 = 6 \cdot 7$ ist, bietet sich eine Skizze in der Größe 6 Kästchen mal 7 Kästchen an. Ein Kästchen ist dann ein Zweiundvierzigstel der Fläche. Anhand der Skizze sieht man, ob man richtig erweitert und gerechnet hat: 21 Kästchen Büsche, 3 Kästchen Teich, 2 Kästchen Spielplatz, dann bleiben 16 Kästchen Wiesen und Wege übrig.

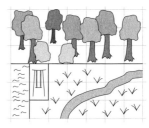

Addieren und Subtrahieren von gemischten Zahlen: … die Ganzen und die Brüche …

3 a) Nutze AG und KG: $\ldots = \frac{3 + 7}{5} + \frac{33 + 22}{18} = 2 + \frac{55}{18} = 2 + 3\frac{1}{18} = \mathbf{5\frac{1}{18}}$

b) Bei erstem, zweitem und letztem Bruch sieht man sofort den gemeinsamen Hauptnenner 12:

$\ldots = 4 + \frac{4 + 9 - 7}{12} + \frac{1}{5} = 4 + \frac{1}{2} + \frac{1}{5} = 4 + \frac{5 + 2}{10} = \mathbf{4\frac{7}{10}}$

c) Rechne mit Brüchen: $\ldots = \frac{5}{3} + \frac{1}{2} + \frac{1}{4} + \frac{1}{3} = \frac{6}{3} + \frac{3}{4} = 2 + \frac{3}{4} = 2\frac{3}{4} = \mathbf{2,75}$

4 Das kannst du mit einem beliebigen Zahlenbeispiel zeigen oder allgemein mit ganzen Zahlen $a, b, c \in \mathbb{Z}$, $(b \neq 0)$:

$\frac{a}{b} \pm \frac{c}{b} = (a : b) \pm (c : b) = (a \pm c) : b = \frac{a \pm c}{b}$

Addieren und Subtrahieren von Dezimalzahlen: … die gleichen/entsprechenden Stellen und die Kommas …

5 $3\frac{1}{14} - \left(\frac{3}{5} + \frac{4}{7}\right) - (0{,}15 + 1{,}012) = 3\frac{1}{14} - \frac{21 + 20}{35} - 1{,}162 = 3\frac{1}{14} - 1\frac{6}{35} - 1{,}162$

$= 2 + \frac{5}{70} - \frac{12}{70} - 1{,}162 = 1\frac{75 - 12}{70} - 1{,}162 = 1\frac{9}{10} - 1{,}162 = 1{,}9 - 1{,}162 = \mathbf{0{,}738}$

6 a) Die Büsche nehmen eine Fläche von

$1{,}5\,\text{m} \cdot (18\,\text{m} - 4\,\text{m} + 23\,\text{m} - 3\,\text{m} + 18\,\text{m} + 23\,\text{m} - 9{,}2\,\text{m} - 1{,}5\,\text{m})$

$= 1{,}5\,\text{m} \cdot 64{,}3\,\text{m} = 96{,}45\,\text{m}^2$ ein.

Die Fläche der Wiese ist die Gesamtfläche abzüglich Pool, Büsche und Terrasse:

$18\,\text{m} \cdot 23\,\text{m} - (12\,\text{m} \cdot 3{,}5\,\text{m} + 96{,}45\,\text{m}^2 + 9{,}2\,\text{m} \cdot 4\,\text{m})$

$= 414\,\text{m}^2 - (42\,\text{m}^2 + 96{,}45\,\text{m}^2 + 36{,}8\,\text{m}^2) = 414\,\text{m}^2 - 175{,}25\,\text{m}^2 = \mathbf{238{,}75\,\text{m}^2}$

b) $u = 2 \cdot 12\,\text{m} + 2 \cdot 3{,}5\,\text{m} = 24\,\text{m} + 7\,\text{m} = \mathbf{31\,\text{m}^2}$

7 Bezeichne die Ecken des Fünfecks der Reihe nach mit den Nummern 1 bis 5.
Dann zeichne zuerst den Stern, dann das Fünfeck in folgender Reihenfolge:
$1 - 3 - 5 - 2 - 4 - 1 - 2 - 3 - 4 - 5 - 1$.
Eine andere Lösung ist $1 - 4 - 3 - 1 - 5 - 3 - 2 - 4 - 5 - 2 - 1$.
Es gibt noch weitere Lösungen, wie viele davon kannst du finden?

Lösungen Kapitel 5 – Multiplikation und Division nicht-negativer Zahlen

Multiplikation und Division von Brüchen (S. 32–33)

1 Durch Kürzen oder Erweitern ändert sich der Wert des Bruches nicht (selber Bildpunkt auf der Zahlengerade): $\frac{6}{9} = \frac{2}{3}$ und $\frac{6}{9} = \frac{18}{27}$; durch Multiplizieren mit 3 wird der Abstand von Null an der Zahlengerade verdreifacht: $\frac{6}{9} \cdot 3 = \frac{18}{9} = \mathbf{2}$; durch Dividieren durch 3 wird der Abstand von Null an der Zahlengerade gedrittelt: $\frac{6}{9} : 3 = \frac{6}{27} = \frac{2}{9}$

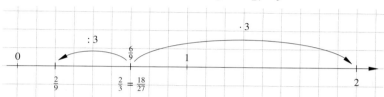

2

·	$\frac{5}{6}$	$\frac{3}{4}$	$\frac{21}{2}$	11
$\frac{2}{3}$	$\frac{5}{9}$	$\frac{1}{2}$	7	$\frac{22}{3}$
$\frac{7}{5}$	$\frac{7}{6}$	$\frac{21}{20}$	$\frac{147}{10}$	$\frac{77}{5}$

$\frac{2}{3} \cdot \ldots = 7$, Umkehrung: $7 : \frac{2}{3} = 7 \cdot \frac{3}{2} = \frac{21}{2}$; $11 \cdot \ldots = \frac{77}{5}$, Umkehrung: $\frac{77}{5} : 11 = \frac{77}{55} = \frac{7}{5}$

3 a) Im Zähler steht schon die 2. Also muss man den Nenner wegkürzen, indem man den Bruch **mit 3 multipliziert**: $\frac{2}{3} \cdot 3 = 2$.

Oder Lösung durch Umkehrung: $2 : \frac{2}{3} = 2 \cdot \frac{3}{2} = 3$

b) $12 \cdot \ldots = 20$, also $20 : 12 = \frac{20}{12} = \frac{5}{3}$

c) $a : a = 1$ gilt auch für alle rationalen Zahlen, dividiere deshalb den Bruch **durch sich selbst**.

d) $2\frac{2}{5} : \left(\frac{5}{6} + \frac{1}{15}\right) = \frac{12}{5} : \frac{25+2}{30} = \frac{12 \cdot 10}{5 \cdot 9} = \frac{4 \cdot 2}{1 \cdot 3} = \frac{8}{3} = 2\frac{2}{3}$

4 $10\,\text{min} = \frac{1}{6}\,\text{h}$, daher dauert eine Überfahrt plus Halt $\frac{1}{4}\,\text{h} + \frac{1}{6}\,\text{h} = \frac{3+2}{12}\,\text{h} = \frac{5}{12}\,\text{h}$; $2\frac{1}{2}\,\text{h} : \frac{5}{12}\,\text{h} = \frac{5 \cdot 12}{2 \cdot 5} = 6$, daher kann man in zweieinhalb Stunden den Fluss sechsmal überqueren, unabhängig davon ob man das Zeitmessen bei einer Überfahrt der Fähre oder bei einem Halt der Fähre beginnt.

5 a) $A_{klein} = 5\,\text{m} \cdot 4\,\text{m} = 20\,\text{m}^2$; $A_{groß} = 8\,\text{m} \cdot 6\,\text{m} = 48\,\text{m}^2$; der Bruchteil ist $\frac{20\,\text{m}^2}{48\,\text{m}^2} = \frac{5}{12}$

b) längere Seiten $\frac{5\,\text{m}}{8\,\text{m}} = \frac{5}{8}$ und kürzere Seiten $\frac{4\,\text{m}}{6\,\text{m}} = \frac{2}{3}$

c) Multipliziert man die Bruchteile der Seiten, so erhält man die Bruchteile der Flächen: $\frac{5}{8} \cdot \frac{2}{3} = \frac{5}{4 \cdot 3} = \frac{5}{12}$. Daran erkennt man, dass sich bei Verkürzen einer Rechtecksseite die Fläche des Rechtecks im selben Verhältnis verringert.

6 Man muss sechs Bretter nebeneinander legen, damit die Truhe 60 cm breit wird. Dann muss man sich entscheiden, ob man die Bretter auch anstückeln will oder nur Bretter über die ganze Länge verwendet.

Ohne Anstückeln: aus einem Brett kann man 2 Teile schneiden ($=\frac{6}{8}$ des Brettes, 3 Teile wären $\frac{9}{8}$), deswegen benötigt man **3 Bretter**, übrig bleibt pro Brett $\frac{2}{8}$ der Länge, also $\frac{2}{8} \cdot 2\,\text{m} = 0,5\,\text{m}$. Es bleiben somit **3 Teile mit je einem halben Meter Länge** übrig.

Mit Anstückeln benötigt man $6 \cdot \frac{3}{8} = \frac{18}{8} = 2\frac{1}{4}$ der vorhandenen Bretter, also insgesamt auch 3 Bretter; $\frac{3}{4} \cdot 2\,\text{m} = 1,5\,\text{m}$ bleiben in einem Stück übrig. Bei dieser Variante bleibt zwar ein schönerer Rest, aber das Bauen des Deckels macht mehr Arbeit und der Deckel sieht ohne Anstückeln wahrscheinlich auch schöner aus.

7 **a)** $\ldots = \dfrac{9 \cdot 5}{25 \cdot 21} = \dfrac{3 \cdot 1}{5 \cdot 7} = \dfrac{3}{35}$

b) $\ldots = \dfrac{28}{6} : \dfrac{22}{30} = \dfrac{28 \cdot 30}{6 \cdot 22} = \dfrac{14 \cdot 5}{11} = \dfrac{70}{11} = 6\dfrac{4}{11}$

c) $\ldots \dfrac{7 \cdot 18}{117 \cdot 7} = \dfrac{2}{13}$

8 **a)** $8 \cdot 10^8 + 7 \cdot 10^5 + 3 \cdot 10^4$

b) **9 Md 4 ZM 7 Z**

c) **20 Billionen 50 Millionen eintausenddrei**

9 Achtung: Hat der Gegner schon 3 Felder in einer Reihe, muss das Feld davor oder dahinter markiert werden, sonst hat man schon verloren. Auf der anderen Seite kann man diese Tatsache nutzen, um dem Gegner Fallen zu stellen: setze eine Markierung so, dass du zweimal drei in einer Reihe hast, dann hast du schon gewonnen (siehe Beispiele).

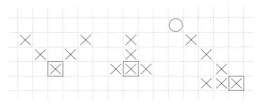

Multiplikation und Division von Dezimalzahlen (S. 34–35)

1 **a)** **139,12**; denn $752 \cdot 185 = 139\,120$; es sind drei Dezimalen, nach Setzen des Kommas kann man die Endnull streichen.

b) **2 967,5**; denn $250 \cdot 1\,187 = 296\,750$; es sind zwei Dezimalen, eine Endnull wird gestrichen.

c) **0,006**; $2 \cdot 3 = 6$; 3 Dezimalen, Nullen voranstellen, damit die nötige Zahl an Dezimalen erreicht wird.

d) $\ldots = 26,3 : 8 = \mathbf{3,287\,5}$

e) $\ldots = 60,3 : 52 = 1,159\,61\ldots \approx \mathbf{1,16}$

2 **a)** Verschiebt man das Komma nach rechts, werden die Dezimalen weniger, das Ergebnis erhält also auch weniger Stellen hinter dem Komma, d. h. im Ergebnis wird das Komma **ebenso nach rechts** verschoben.
Andere Erklärung: Komma nach rechts bedeutet Multiplikation mit einer Stufenzahl, ebenso muss dann auch das Ergebnis mit der Stufenzahl multipliziert werden, z. B. $4,6 \cdot 2,1 = 9,66$; $4,6 \cdot 21 = 4,6 \cdot 2,1 \cdot 10 = 9,66 \cdot 10 = 96,6$

b) Wandert das Komma im Dividenden nach links, wird bei der Division das Komma schon früher überschritten, also auch im Ergebnis früher gesetzt. Im Ergebnis wandert das Komma also **auch nach links**.

Alternativ kann man auch wieder mit Stufenzahlen erklären,

z. B. $2,5 : 5 = 0,5$; $0,25 : 5 = \dfrac{2,5}{10} : 5 = \dfrac{2,5}{10 \cdot 5} = \dfrac{2,5}{5} : 10 = 0,5 : 10 = 0,05$

c) Wegen der gleichsinnigen Kommaverschiebung bedeutet ein Verschieben des Kommas im Divisor nach rechts dasselbe wie Verschieben des Kommas im Dividenden nach links (siehe b). Im Ergebnis wird das Komma also **nach links** verschoben.

3 a) $130\,\text{g} \cdot 0,75 = 97,5\,\text{g}$. Stefan benötigt also **etwa 100 g Grieß**. (Genauer sind die meisten Waagen auch nicht.)

b) $0,75\,\text{l} : 3 = \mathbf{0,25\,l}$ **Milch** und $100\,\text{g} : 3 \approx \mathbf{33\,g}$ **Grieß** hat er gegessen. (Man könnte hier auch auf 30 g runden, da diese Angabe ungenau ist: „… etwa ein Drittel … ")

4 a) z. B.: $5 \cdot 1,2 = 6 = 0,5 \cdot 12$ oder $0,3 \cdot 9 = 2,7 = 0,03 \cdot 90$

b) Da man die Kommas in entgegengesetzte Richtungen verschiebt, bleibt die Anzahl der Dezimalen insgesamt gleich. Im Ergebnis **ändert sich** daher **nichts**.

Erklärung mit Stufenzahlen anhand des Beispiels: $0,5 \cdot 12 = \dfrac{5}{10} \cdot 1,2 \cdot 10 = \dfrac{5 \cdot 1,2 \cdot 10}{10}$
$= 5 \cdot 1,2$

5 a) Überschlagsrechnung $26,03 \cdot 1,9 \approx \mathbf{52}$; exakt $260,3 \cdot 0,19 = \mathbf{49,457}$

b) Überschlagsrechnung $3,28 \cdot 0,51 \approx 3 \cdot 0,5 = \mathbf{1,5}$; exakt $32,8 \cdot 0,051 = \mathbf{1,6728}$

c) Überschlagsrechnung $13,896 \cdot 1,93 \approx 14 : 2 = \mathbf{7}$; exakt $138,96 : 19,3 = \mathbf{7,2}$

d) Überschlagsrechnung $36,1 : 3,9 \approx 36 : 4 = \mathbf{9}$; exakt $0,361 : 0,039 = \mathbf{9,2564\ldots}$

6 Berechne jeweils den Preis pro 100 g: Kleine Packung 199 Cent : $2,5 = 79,6$ Cent; große Packung 329 Cent : $4 = 82,25$ Cent. Die **kleine Packung** ist günstiger.

7 a) Da g auf $[PQ]$ senkrecht steht, ist g die Symmetrieachse. Deswegen ist Q der Bildpunkt von P bezüglich g.

b) Die beiden Strecken sind symmetrisch bezüglich g und deswegen auch gleich lang.

c) R' ist Bildpunkt von R bezüglich PQ, er liegt auf g und hat von PQ denselben Abstand wie R, daher teilt PQ die Strecke $[RR']$.

8 $\dfrac{1}{100} = 0,01$. Jeder Nenner kürzt sich jeweils mit dem Zähler des nächsten Bruches.

Übrig bleiben der erste Zähler und der letzte Nenner.

Periodische Dezimalzahlen (S. 36–37)

1 a) $0,083\,33\ldots = \mathbf{0,08\overline{3}}$

b) $10 \cdot \dfrac{1}{12} = \mathbf{0,8\overline{3}}$

2 a) $0,\overline{262} = 0,262\,262\ldots$ ist richtig; $0,2\overline{62} = 0,262\,626\,2\ldots$ ist falsch, es müsste $0,\overline{26}$ heißen; $0,\overline{266} = 0,266\,66\ldots$ ist falsch, es müsste $0,2\overline{6}$ heißen; $0,2\overline{66} = 0,266\,266\ldots$ ist richtig; $0,2\overline{26} = 0,226\,262\,6\ldots$ ist richtig (kann aber nicht an der Zahlengeraden eingezeichnet werden, liegt weiter links)

b)

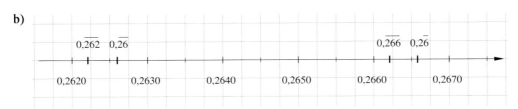

3 a) $\frac{1}{11} = 0,\overline{09}; \frac{2}{11} = 0,\overline{18}; \frac{3}{11} = 0,\overline{27}$

b) Die zweistellige Periode ist immer ein Vielfaches der Zahl 9 und zwar „Zähler" · 9.

c) Die Reihe setzt sich so fort bis $\frac{10}{11}$, dann bricht die Reihe ab, da $\frac{11}{11} = 1$ keine periodische Dezimalzahl mehr ist.

Erklären lässt sich das, wenn man wieder rückwärts rechnet, z. B. $0,\overline{45} = \frac{45}{99} = \frac{5 \cdot 9}{11 \cdot 9}$

Untersuche doch auch mal, wie es mit Zählern > 11 weitergeht!

4 $1 : 17 = 0,058\,8 \ldots$ Ist das gleich $0,0\overline{58}$? Nein, denn $1 : 17 = 0,058\,823\,5 \ldots$;

ist dies gleich $0,\overline{058\,823}$? Nein, denn $1 : 17 = 0,058\,823\,529\,411\,764\,70 \ldots$

Hört man zu früh zu rechnen auf, kann man leicht eine falsche Periode wählen. Man kann die Division immer erst dann beenden, wenn sich ein Rest wiederholt (in diesem Fall der Rest 1, nach der 16. Stelle im Ergebnis).
Bei diesem Bruch ist die maximale Periodenlänge erreicht. Mehr können es nicht sein, denn beim Teilen durch 17 können maximal 16 verschiedene Reste auftreten (1, ..., 16; aber 0 kann nicht vorkommen, sonst würde der Bruch abbrechen).
Allgemein ist für einen Bruch mit der natürlichen Zahl n im Nenner die maximale Periodenlänge $n - 1$.

5 a) $\ldots = 0,4 + \frac{1}{10} \cdot 0,\overline{6} = \frac{4}{10} + \frac{1}{10} \cdot \frac{2}{3} = \frac{4 \cdot 3 + 2}{10 \cdot 3} = \frac{14}{30} = \frac{7}{15}$

b) $\ldots = 1,1 + \frac{1}{10} \cdot \frac{36}{99} = \frac{11}{10} + \frac{4}{10 \cdot 11} = \frac{121 + 4}{10 \cdot 11} = \frac{125}{110} = \frac{25}{22}$

c) $\ldots = 0,08 + \frac{1}{100} \cdot \frac{1}{3} = \frac{8}{100} \cdot \frac{1}{300} = \frac{25}{300} = \frac{1}{12}$

6 Beim Berechnen der Prozentwerte kann man hier ohne Division sehr schnell die Brüche in periodische Dezimalzahlen umwandeln, da im Nenner immer 33 steht. Erweitert man den Bruch mit 3, so steht im Nenner 99 und der Zähler ergibt die zweistellige Periode (funktioniert aber nur, wenn der Zähler ein- oder zweistellig ist!):

	Öffentlich	Privat	
Kürzer als 15 min	12,1 % (4)	21,2 % (7)	33,3 % (11)
Länger als 15 min	60,6 % (20)	6,1 % (2)	66,7 % (22)
	72,7 % (24)	27,3 % (9)	100 % (33)

24 Schüler sind $\frac{24}{33} = \frac{72}{99} = 0,\overline{72} = 72,72 \ldots \% \approx 72,7 \%$; davon ein Sechstel sind 4 Schüler,

das sind $\frac{12}{99} = 0,\overline{12} \approx 12,1 \%$. Zwei Drittel sind 66,7 % oder 22 Schüler.

Die restlichen Werte lassen sich durch Addition oder Subtraktion aus den beiden anderen Werten der Spalte oder Zeile berechnen.

7 Nutze das Distributivgesetz und multipliziere die Klammern aus, nutze dann das Kommutativgesetz, z. B.:

    a) $\dots = 11 \cdot 8 + 11 \cdot 4 = 11 \cdot 4 + 11 \cdot 8 =$ h). Weitere gleiche Terme sind: c) = e); d) = g); b) = f)

8 Bezeichne die Scheiben von oben nach unten mit 1, 2 und 3, dann lege:
1 in die Mitte, 2 nach rechts, 1 rechts, 3 Mitte, 1 links, 2 Mitte, 1 Mitte.
Nach demselben Schema kann man übrigens auch vier und mehr Scheiben von einer Stange zur anderen verschieben.

Vorteilhaftes Rechnen (S. 38–39)

1 Es bleibt nichts übrig, wenn sie den Rest dritteln und jeder ein Stück nimmt. Dann hat jeder auch insgesamt ein Drittel gegessen, da alle gleich viel genommen haben und alles weg ist. Es geht hier also auch ohne Rechnung, mit Rechnung sieht die Lösung so aus:

    Jeder isst $\frac{1}{4} + \left(1 - 3 \cdot \frac{1}{4}\right) \cdot \frac{1}{3} = \frac{1}{4} + \frac{1}{4 \cdot 3} = \frac{3+1}{12} = \frac{1}{3}$

2 **a)** $6 : (2 \cdot 3) = 6 : 6 = \mathbf{1};\ 6 : 2 \cdot 3 = 3 \cdot 3 = \mathbf{9}$

    b) $5 : 2 \cdot 3 : (3 \cdot 5 : 7) = \frac{5}{2} \cdot 3 : \frac{15}{7} = \frac{15 \cdot 7}{2 \cdot 15} = \frac{7}{2} = \mathbf{3{,}5};\ 5 : 2 \cdot 3 : 3 \cdot 5 : 7 = \frac{5 \cdot 3 \cdot 5}{2 \cdot 3 \cdot 7} = \frac{\mathbf{25}}{\mathbf{14}}$

    (Setze der Reihe nach alle Zahlen mit einem Multiplikationszeichen in den Zähler, alle Zahlen mit einem Divisionszeichen in den Nenner.)

3 Hier musst du das Distributivgesetz anwenden.

    a) $\dots = 4 \cdot \left(22 + \frac{3}{7}\right) = 88 + \frac{12}{7} = \mathbf{89\,\tfrac{5}{7}}$

    b) $\dots = \frac{7}{9} \cdot \left(7 + \frac{1}{7}\right) = \frac{49}{9} + \frac{7}{9 \cdot 7} = \frac{49 + 1}{9} = \mathbf{5\,\tfrac{5}{9}}$

    c) $\dots = \frac{13}{50} + \left(1 + \frac{2}{39}\right) = \frac{13}{50} + \frac{13 \cdot 2}{50 \cdot 39} = \frac{13 \cdot 3 + 2}{50 \cdot 3} = \frac{\mathbf{41}}{\mathbf{150}}$

4 **a)** **Falsch**; periodische Dezimalzahlen muss man vor dem Addieren/Subtrahieren immer in Brüche umwandeln.

    b) **Falsch**; es gibt ja z. B. auch unendliche Dezimalzahlen als Ergebnis.

    c) Diese Aussage gilt nur, wenn beide Faktoren zwischen 0 und 1 liegen, sonst ist sie **falsch**; insbesondere deswegen, weil sie für natürliche Zahlen nicht gilt und diese auch als Brüche dargestellt werden können.

5 **a)** Mit Brüchen: $\dots = \frac{8}{5} \cdot 3\tfrac{3}{4} - \frac{13}{5} \cdot 2 = \frac{8 \cdot 15}{5 \cdot 4} - \frac{26}{5} = \frac{2 \cdot 15 - 26}{5} = \frac{4}{5} = \mathbf{0{,}8}$

    Mit Dezimalzahlen: $\dots = 1{,}6 \cdot 3{,}75 - 2{,}6 : 0{,}5 = 6 - 5{,}2 = \mathbf{0{,}8}$

    b) Mit Brüchen: $\dots = \frac{5}{2} - 3 : \frac{5-2}{30} \cdot \left(\frac{1}{4}\right)^2 = \frac{5}{2} - 3 \cdot 10 \cdot \frac{1}{16} = \frac{5 \cdot 4 - 3 \cdot 5}{8} = \frac{5}{8} = \mathbf{0{,}625}$

    Mit Dezimalzahlen (die Klammer muss aber mit Brüchen gerechnet werden!):

    $\dots = 2{,}5 - 3 : \frac{5-2}{30} \cdot 0{,}062\,5 = 2{,}5 - 3 : 0{,}1 \cdot 0{,}0625 = 2{,}5 - 30 \cdot 0{,}0625 = 2{,}5 - 1{,}875 = \mathbf{0{,}625}$

6 **a)** $5\tfrac{2}{8} - 1\tfrac{1}{3} \cdot 2\tfrac{1}{4} = 5\tfrac{1}{4}\left(-2\,\tfrac{1}{12}\right) = 3\,\tfrac{3-1}{12} = 3\,\tfrac{1}{6}$; Gemischte Zahlen müssen vor dem Multiplizieren in Brüche umgewandelt werden.

    Hier wurden fälschlicherweise die ganzzahligen Teile und die Brüche getrennt multipliziert. (Richtig wäre: $\dots = 5\tfrac{1}{4} - \frac{4 \cdot 9}{3 \cdot 4} = 5\tfrac{1}{4} - 3 = 2\tfrac{1}{4}$)

b) $2\frac{1}{3} + 3 \cdot \frac{(7-2)}{11} = \left(\frac{2}{3}\right) + 3 \cdot \frac{5}{11} = \frac{2}{3} + \left(\frac{15}{33}\right) = \frac{22+15}{33} = \frac{37}{33}$; erster Fehler: hier wurde $2\frac{1}{3} = 2 + \frac{1}{3}$

mit $2 \cdot \frac{1}{3}$ verwechselt; zweiter Fehler: anstatt mit 3 zu multiplizieren wurde mit 3 erweitert.

(Richtig wäre: $2\frac{1}{3} + 3 \cdot \frac{(7-2)}{11} = \frac{7}{3} + 3 \cdot \frac{5}{11} = \frac{7}{3} + \frac{15}{11} = \frac{77+45}{33} = \frac{122}{33} = 3\frac{23}{33}$)

c) $\frac{2 \cdot (11-7) \oplus 0{,}5 \cdot 6}{28} = \frac{(11-7)+3}{14} = \frac{7}{14} = \frac{1}{2}$; Hier wurde aus einer Summe gekürzt.

(Richtig wäre: $\frac{2 \cdot (11-7) + 0{,}5 \cdot 6}{28} = \frac{2 \cdot 4 + 3}{28} = \frac{11}{28}$)

7 a) In der Skizze ist das Zimmer $300\,\text{cm} : 30 = \textbf{10 cm breit}$ und doppelt so **lang (20 cm)**.

b) $140\,\text{cm} : 30 = 4{,}6666\ldots\,\text{cm} \approx \textbf{4{,}7\,cm}$; $200\,\text{cm} : 30 = 6{,}6666\ldots\,\text{cm} \approx \textbf{6{,}7\,cm}$

c) Der Maßstab darf als Teiler nur die Zahlen 2 und 5 haben, so entstehen beim Dividieren keine periodischen Brüche. Geeignet wären z. B. 1 : 20 (Papier aber größer als DIN-A4), **1 : 25** (12 cm × 24 cm) oder 1 : 40 (Skizze wird kleiner)

8 a) $(102{,}7 - 32) \cdot 5 : 9 = 70{,}7 : 5 : 9 = 353{,}5 : 9 \approx \textbf{39{,}3}$. Steven hat 39,3 °C Fieber.

b) Wasser gefriert bei 0 °C. Damit die rechte Seite der Formel Null wird, muss die Klammer Null werden, also $32 - 32 = 0$, d. h. bei **32 °F** gefriert Wasser.

c) Wasser beginnt bei 100 °C zu kochen, also muss $(\Delta - 32) \cdot \frac{5}{9} = 100$ sein. Die Umkehrung davon ist ein Quotient, d. h. $\Delta - 32 = 100 : \frac{5}{9} = 100 \cdot \frac{9}{5} = 180$. Der Term $\Delta - 32 = 180$ ist eine Summe, die Umkehrung ist $\Delta = 180 + 32 = 212$.

Bei **212 °F** beginnt Wasser zu kochen.

9 a) Das Netz stellt eine (vierseitige) **Pyramide** dar.

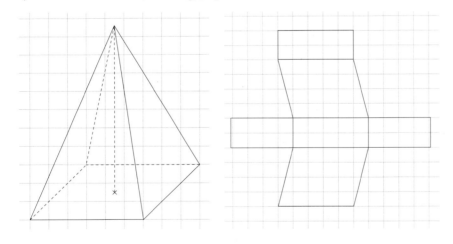

Teste dich! (S. 40–41)

Multiplikation und Division von Brüchen: … Zähler, Nenner mal Nenner … Kehrbruch …
multipliziert.

1 Kreis: Die graue Fläche sind $\frac{5}{6}$ des Kreises. Dann wird

jedes Sechstel in 4 Teile unterteilt, so dass man $4 \cdot 5 = 20$
Teilstriche erhält. Es sollen aber nur $\frac{3}{4}$ genommen werden,
das sind jeweils 3 der 4 Teilstriche, insgesamt $3 \cdot 5 = 15$.
So ergibt sich die schraffierte Fläche. Wie man an der
Zeichnung sieht, ergeben drei Teilstriche genau die Hälfte
eines Kreisviertels, also ein Achtel. Die schraffierte Fläche
ist daher $\frac{5}{8}$ des Kreises.

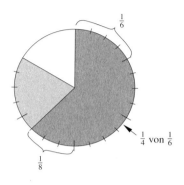

Rechnung: $\frac{5}{6} \cdot \frac{3}{4} = \frac{5}{2 \cdot 4} = \frac{5}{8}$

Rechteck: $\frac{2}{3} : \frac{1}{12}$ bedeutet: Wie oft passt das Teilstück $\frac{1}{12}$
in das Teilstück $\frac{2}{3}$?

An der Zeichnung sieht man, dass es genau acht Mal Platz
hat.

Rechnung: $\frac{2}{3} : \frac{1}{12} = \frac{2 \cdot 12}{3} = 8$

2 **a)** $\ldots = \frac{7 \cdot 7}{6 \cdot 6} = \frac{49}{36}$ oder $\ldots = \frac{7^2}{6^2} = \frac{49}{36}$

b) $\ldots = \frac{2^3}{3^3} = \frac{8}{27}$

c) $\ldots = \left(\frac{3+10}{12}\right)^2 = \frac{13}{12^2} = \frac{169}{144}$

3 Leonies Schwester fährt ein Viertel der Zeit, für sie und ihren Bruder bleiben drei Viertel
der Zeit. Ihr Bruder fährt halb so lang wie sie, daher fährt sie die Hälfte der Zeit und er ein
Viertel der Zeit.

Sie fährt damit $\frac{1}{2} \cdot 2\frac{1}{2}$ h $= \frac{1 \cdot 5}{2 \cdot 2}$ h $= \frac{5}{4}$ h **= 75 Minuten.**

Multiplikation und Division von Dezimalzahlen: … beide Faktoren zusammen haben … gleich
viele … dieselbe …

4 **a)** $75 \cdot 3 \cdot 51 = 11\,475$, 3 Dezimalen, Ergebnis: **11,475**

b) $4 \cdot 25 \cdot 25 = 2\,500$, 6 Dezimalen, Ergebnis: **0,002 5**

c) $2 \cdot 3 \cdot 4 \cdot 5 = 120$, 7 Dezimalen, Ergebnis: $0,000\,012\,0 = $ **0,000 012**

d) Man kann entweder schrittweise multiplizieren oder alle Dezimalzahlen ohne Komma
multiplizieren. Das Ergebnis erhält dann so viele Dezimalen, wie *alle* Faktoren zusammen
haben.

5 z. B. $2,7 : 39,05 = \frac{2,7}{39,05} = \frac{2,7 \cdot 100}{39,05 \cdot 100} = \frac{270}{3\,905} = 270 : 3\,905$. Das Beispiel zeigt, dass sich bei
der gleichsinnigen Kommaverschiebung der Wert des Quotienten nicht ändert.

6 Für das Beispiel Körpergröße 1,40 m gilt: 140 : 30,48 = 4 Rest 18,08; 18,08 : 2,54 ≈ 7.
1,40 m entsprechen 4 ft 7 in.

Periodische Dezimalzahlen: … andere Teiler außer 2 und 5 hat / die Teiler 3 oder 7 enthält.

7 **a)** Die Zahlen sind alle rein periodisch und haben dieselbe
Periodenlänge. Die Perioden bestehen aus derselben Ziffernfolge, allerdings wird immer an einem anderen Punkt gestartet
(vgl. Kreis).

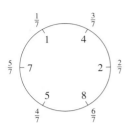

    b) $0,\overline{0714285} = \dfrac{1}{10} \cdot \dfrac{5}{7} = \dfrac{1}{2 \cdot 7} = \dfrac{1}{14}$;

       $0,3\overline{571428} = \dfrac{3}{10} + \dfrac{1}{10} \cdot \dfrac{4}{7} = \dfrac{3 \cdot 7 + 1}{70} = \dfrac{25}{70} = \dfrac{5}{14}$

Vorteilhaftes Rechnen: … Addition und Subtraktion …

8 **a)** Mit 50 $\frac{km}{h}$ fährt man in einer Stunde 50 km. In 20 Minuten schafft man bei gleicher
Geschwindigkeit daher ein Drittel der Strecke, das sind 50 km : 3 ≈ **16,7 km**.

    b) Für den Rückweg brauchen sie 20 min · 1,5 = 30 min, sie schaffen also in einer halben
Stunde (50 : 3) km. In einer Stunde wären das bei gleicher Geschwindigkeit
(50 : 3) km · 2 ≈ 33,3 km, das entspricht einer Geschwindigkeit von **ca. 33 $\frac{km}{h}$**.

Lösungen Kapitel 6 – Flächen- und Rauminhalte

Flächeninhalt des Parallelogramms (S. 42–43)

1 Die erste Rechnung ist richtig, **die Probe ist falsch**, da eine falsche Strecke zur Rechnung benutzt wird: Die Strecke mit Länge 2,8 cm ist *keine* Höhe des Parallelogramms. Die Strecke steht zwar senkrecht auf [AD], misst aber nicht den Abstand von [AD] zu [BC], da sie bei der Strecke [AB] endet.

2 Ein Parallelogramm mit größerem Flächeninhalt gibt es nicht. Die Parallelogramme haben immer einen kleineren Flächeninhalt als das Rechteck, wenn die Seite b nicht senkrecht zu a ist. Denn dann ist die Höhe des Parallelogramms immer kleiner als die Seite b.

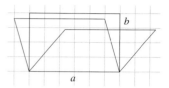

3 Der Abstand von [AB] zu [DC] beträgt etwa 2,8 cm, das ist die Höhe zur Grundlinie [AB]. Die Fläche berechnet sich daher mit $A_P = \overline{AB} \cdot h = 5\,\text{cm} \cdot 2{,}8\,\text{cm} = \mathbf{14\,cm^2}$.

4 $A = a \cdot h_a = 4{,}5\,\text{cm} \cdot 2{,}3\,\text{cm} = 10{,}35\,\text{cm}^2$; es gilt auch $A = b \cdot h_b = 1{,}8\,\text{cm} \cdot h_b$. Daher ist $h_b = 10{,}35\,\text{cm}^2 : 1{,}8\,\text{cm} = \mathbf{5{,}75\,cm}$.

5 a) Man muss nicht wissen, wie viele Platten in einer Reihe liegen. Es reicht aus, die Höhe der Platten zu kennen. Die Grundlinie jeder Platte ist 10 cm lang. Die Summe der Höhen aller Platten, die in einer Reihe liegen, ist 1,6 m. Eine Reihe bedeckt daher eine Fläche von $0{,}1\,\text{m} \cdot 1{,}6\,\text{m} = \mathbf{0{,}16\,m^2}$.

b) Der Weg besteht aus $13\,\text{m}^2 : 0{,}16\,\text{m}^2 = 81{,}25$ Reihen ≈ 82 Reihen. (Hier wird aufgerundet, um nicht zu wenig Platten zu haben). Daher werden $82 \cdot 8 = \mathbf{656\ Platten}$ benötigt. *Anderer Lösungsweg:* Der Weg ist 1,6 m breit, also $13\,\text{m}^2 : 1{,}6\,\text{m} = 8{,}125\,\text{m}$ lang. Bei 10 cm breiten Reihen sind es insgesamt etwa 82 Reihen.

6 a) g und h wurden nur auf Zentimeter genau gemessen, das ist sehr ungenau. Auf der anderen Seite wird das Ergebnis auf drei Dezimalen gerundet, das ist im Gegensatz dazu zu genau.

b) Die Daten wurden auf Millimeter genau gemessen, was sinnvoll ist. Das Ergebnis wurde auf 1 Dezimale gerundet. Man hätte eventuell auch auf 2 Dezimalen runden können, aber diese Lösung ist die beste der drei.

c) So genau, wie die Werte angegeben sind, kann man mit einem einfachen Geodreieck nicht messen. Insbesondere macht es dann wenig Sinn, das Zwischenergebnis auf Ganze zu runden. Außerdem ist es immer schlecht, mit stark gerundeten Werten weiter zu rechnen, denn die folgenden Rechnungen werden dadurch sehr ungenau. Sinnvoll ist die Angabe des letzten Ergebnisses auf 2 Stellen hinter dem Komma dann auch nicht.

7 $(4{,}95\,\text{cm})^2 = 24{,}502\,5\,\text{cm}^2$; $(5\,\text{cm})^2 = 25\,\text{cm}^2$; $(5{,}05\,\text{cm})^2 = 25{,}502\,5\,\text{cm}^2$. $(25 - 24{,}502\,5) : 25 = 0{,}019\,9 \approx 2\,\%$; $(25{,}502\,5 - 25) : 25 = 0{,}020\,1 \approx \mathbf{2\,\%}$. Man sieht, dass bei Abweichung der Werte um 1 % der Flächeninhalt schon um 2 % abweicht.

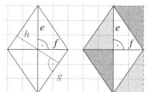

8 a) Zeichne eine Strecke mit Länge 2 cm (Diagonale f), an ihrem Mittelpunkt zeichne die Senkrechte mit einer Länge von je 1,5 cm nach unten und oben (Diagonale e). Verbinde die Endpunkte der Strecken zu einer Raute.

b) Die Diagonalen teilen die Raute in 4 deckungsgleiche Dreiecke. Fügt man die beiden linken Dreiecke rechts wieder an, so ergibt sich ein Rechteck mit den Seiten e und $\frac{1}{2} \cdot f$. Anders zerlegt kann auch ein Rechteck mit den Seiten f und $\frac{1}{2} \cdot e$ entstehen.

c) $A = \frac{1}{2} \cdot e \cdot f = 3\,\text{cm}^2$; $A = g \cdot h = 1,8\,\text{cm} \cdot 1,7\,\text{cm} = 3,06\,\text{cm}^2 \approx 3\,\text{cm}^2$.

Die Abweichung in den exakten Ergebnissen entsteht durch Runden beim Messen.

9 a) 100   b) 100   c) 1 000   d) 3 600   e) 100   f) 10 000

10 A) Es gibt 10 Lücken, also kommt jede der Ziffern 0, 1, …, 9 genau einmal vor.

B) Die Zahl hat 5 Dezimalen.

C) Vor dem Komma stehen die Ziffern 5, 6, …, 9, dahinter die Ziffern 0, 1, …, 4.

D) Zwischen 59 900 und 60 000 bräuchte man mindestens zwei Neuner, zwischen 60 000 und 64 999 bräuchte man eine Ziffer kleiner 5. Daher ist die Zahl größer als 65 000 (und kleiner 66 000), die Stelle ZT erhält daher eine 6, die Stelle T eine 5.

E) $1,125 = 1 + \frac{1}{8} = \frac{9}{8}$, daher ist Z = 9, E = 8; übrig bleibt H = 7 (65 798,_ _ _ _ _)

F) Der Nenner muss auf eine Stufenzahl erweitert werden: $6\,250 \cdot 2 = 12\,500$; $12\,500 \cdot 8 = 100\,000$; $189 \cdot 16 = 3\,024$, daher ist $\frac{189}{6\,250} = 0,03024$, dies kann man an den Stellen h bis ht eintragen, für die Zehntel bleibt die 1 übrig: **65 798,130 24**

Flächeninhalt von Dreieck und Trapez (S. 44–45)

1

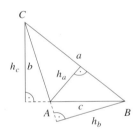 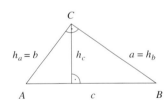

Beim ersten Dreieck müssen die Seiten verlängert werden, da der Innenwinkel am Eckpunkt A stumpf ist.

2 a) **Ja**, denn jedes Quadrat ist ein Parallelogramm, alle Seiten sind gleich lang.

b) **Nein**, die Seiten b und d müssen nicht parallel sein. (Der umgekehrte Fall gilt!). *Oder*: Gegenüberliegende Seiten sind nicht gleich lang.

c) **Ja**, da die gegenüberliegenden Seiten a und c parallel sind.

d) **Nein**, denn die Seiten müssen nicht gleich lang sein. (Der umgekehrte Fall gilt!)

3 a) $A = 2\,\text{cm} \cdot 2\,\text{cm} = 4\,\text{cm}^2$

b) Eine Hälfte des kleinen Quadrats ist ein Viertel des großen Quadrats. Daher ist die Fläche des großen Quadrats $(4\,\text{cm}^2 : 2) \cdot 4 = 8\,\text{cm}^2$.

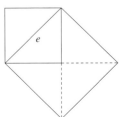

4 a) Der Weg ist ein Parallelogramm mit Grundlinie 2 m und Höhe 23 m. Der Anteil ist daher $\frac{2\,\text{m} \cdot 23\,\text{m}}{5\,\text{m} \cdot 23\,\text{m}} = \frac{2}{5} = \mathbf{40\,\%}$.

b) Rechne Rechtecksfläche minus Weg: $5\,\text{m} \cdot 23\,\text{m} - 2\,\text{m} \cdot 23\,\text{m} = 3\,\text{m} \cdot 23\,\text{m} = \textbf{69\,m}^2$

Oder: Rechne zweimal die Dreiecksfläche: $2 \cdot \left(\frac{1}{2} \cdot 3\,\text{m} \cdot 23\,\text{m} \right) = 3\,\text{m} \cdot 23\,\text{m} = 69\,\text{m}^2$

Oder: Der Grünstreifen nimmt 40 % ein, also nimmt die Wiese 60 % von $5\,\text{m} \cdot 23\,\text{m} = 115\,\text{m}^2$ ein, das sind $0{,}6 \cdot 115\,\text{m}^2 = 69\,\text{m}^2$.

5 Zeichne eine Strecke $[AB]$ mit Länge 3 cm, dazu eine Parallele mit Abstand 3 cm. Wähle einen beliebigen Punkt C auf dieser Parallele und verbinde ihn mit A und B. Es entsteht ein Dreieck mit Flächeninhalt 4,5 cm².
Die Punkte D und E dritteln die Strecke $[AB]$, es entstehen drei neue kleine Dreiecke, die alle die Grundlinie 1 cm haben und die Höhe des großen Dreiecks (3 cm). Alle haben deshalb gleichen Flächeninhalt, der ein Drittel des großen Dreiecks beträgt: $4{,}5\,\text{cm}^2 : 3 = \textbf{1,5\,cm}^2$

(*oder:* $\frac{1}{2} \cdot 1\,\text{cm} \cdot 3\,\text{cm} = 1{,}5\,\text{cm}^2$).

6 **a)** Halbiere das Sonnensegel horizontal, so dass zwei flächengleiche Trapeze entstehen. Die Höhe des Trapezes ist $3{,}8\,\text{m} : 2 = 1{,}9\,\text{m}$.
Die Seiten a und c sind 6,3 m und 4,2 m lang. Die Fläche des Sonnensegels ist daher:
$$2 \cdot \left(\frac{6{,}3\,\text{m} + 4{,}2\,\text{m}}{2} \cdot 1{,}9\,\text{m} \right) = 10{,}5\,\text{m} \cdot 1{,}9\,\text{m} = \textbf{19,95\,m}^2.$$

b) Zu jeder Tageszeit trifft das Sonnenlicht in einem anderen Winkel auf die Erde, daher ist die Größe der Schattenfläche abhängig von der Tageszeit. Außerdem beeinflusst auch die Lage des Segels den Schatten, z. B. ob es waagrecht oder schräg gespannt ist.

7 **a)** Miss die Längen und multipliziere sie mit 300, um die wahre Größe zu erhalten: Höhe des Vorhangs 6 m, Breite 15 m, Trapezseite unten 6 m. Die Fläche des Vorhangs ist zweimal so groß wie die Trapezfläche:
$$2 \cdot \left(\frac{6\,\text{m} + 7{,}5\,\text{m}}{2} \cdot 6\,\text{m} \right) = 13{,}5\,\text{m} \cdot 6\,\text{m} = \textbf{81\,m}^2.$$

Oder: Rechtecksfläche minus Dreiecksfläche in der Mitte:
$$6\,\text{m} \cdot 15\,\text{m} - \frac{1}{2} \cdot 3\,\text{m} \cdot 6\,\text{m} = 90\,\text{m}^2 - 9\,\text{m}^2 = 81\,\text{m}^2$$

Hinweis: Hätte man im Maßstab der Skizze gerechnet, hätte man eine Fläche von 9 cm² erhalten. Rechnet man dann um, erhält man $9\,\text{cm}^2 \cdot 300 = 2{,}7\,\text{dm}^2$, das ist ein Dreihundertstel der tatsächlichen Fläche.

b) Susanne hat wahrscheinlich andere Messwerte erhalten. (Die Fläche 78,66 m² ergibt sich, wenn die untere Trapezseite in der Skizze 2,1 cm lang ist.)

8 **a)** **−999**
b) $4\,365 - 2\,495 = \textbf{1\,870}$ Zahlen (genauer die Zahlen $-4\,366$ bis $-2\,494$)
c) $167 + 202 = \textbf{369}$ Zahlen

9 Spiel

Prisma und Schrägbild (S. 46–47)

1 *Hinweis:* Ein Prima wird n-seitiges Prisma genannt, wenn die Grundfläche ein n-Eck ist. Das Prisma hat aber $n + 2$ Seiten!
A: 8-seitiges Prisma mit Grundfläche vorne in wahrer Größe
B: 5-seitiges Prisma mit Grundfläche unten
C: **kein** Prisma, da die beiden Dreiecke nicht deckungsgleich sind (die unteren schrägen Kanten sind nicht parallel!)
D: 5-seitiges Prisma mit Grundfläche vorne

2 Nur der Quader und der Würfel sind Prismen. Sie haben rechteckige Grundflächen (Würfel: quadratisch).

3 **a)** Grund- und Deckfläche haben je 6 Kanten; 6 weitere Kanten verbinden diese beiden Flächen, zusammen $2 \cdot 6 + 6 = $ **18 Kanten**.

   b) Es gibt 5 Seitenflächen sowie eine Grund- und eine Deckfläche, insgesamt **7 Flächen** (vgl. auch Lösung zu Aufg. 1).

4 G(0,5|−1), H(2,5|−1), I(3|0,5), J(2,5|2), K(0,5|2), L(0|0,5)
Die schrägen Kanten sind 2 Kästchendiagonalen lang, da die Höhe des Prismas 2 cm ist.
Du könntest diese Aufgabe auch rein rechnerisch lösen, indem du zu allen Koordinaten 1 addierst (entspricht dem Zeichnen der Höhe 2 cm durch zwei Kästchendiagonalen).

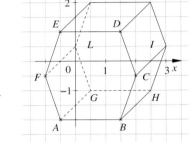

5 Partner-Arbeit mit individuellen Lösungen, mögliche Beispiele siehe Aufgabe 1

6

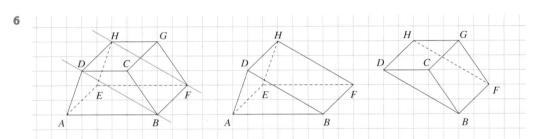

7 Jede Seitenfläche hat einmal die Höhe des Prismas als Kante, die andere Kante ist eine Kante der Grundfläche:
R_1: 2 cm und 1 cm; Fläche **2 cm²**;
R_2: 2 cm und 3,25 cm; Fläche **6,5 cm²**;
R_3: 2 cm und 0,5 cm; Fläche **1 cm²**;
R_4: 2 cm und 2,3 cm; Fläche **4,6 cm²**;
R_5: 2 cm und 1,8 cm; Fläche **3,6 cm²**;

8 **a)** Die Grundfläche ist ein rechtwinkliges Dreieck mit Höhe 2 cm und Grundlinie 3 cm (oder umgekehrt). Man kann sich vorstellen, das Prisma nach hinten aufzustellen, dann erscheint die Grundfläche vorne.

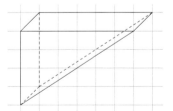

   b) $A = 0,5 \cdot 2 \,\text{cm} \cdot 3 \,\text{cm} = $ **3 cm²**

9 **a)** $O_{Quader} = 2 \cdot (l \cdot b + l \cdot h + b \cdot h)$

      $= 2 \cdot (7 \,\text{cm}^2 + 2,5 \,\text{cm}^2 + 4,375 \,\text{cm}^2) = $ **27,75 cm²**

   b) Finde für h eine Zahl, so dass die Gleichung
      $27,75 \,\text{cm} + 2,75 \,\text{cm}^2 = 2 \cdot (7 \,\text{cm}^2 + 2 \,\text{cm} \cdot h + 3,5 \,\text{cm} \cdot h)$ richtig wird. Dazu muss für die Klammer gelten: $7 \,\text{cm}^2 + (2 \,\text{cm} + 3,5 \,\text{cm}) \cdot h = 15,25 \,\text{cm}^2$. Kehrt man diese Rechnung um, ergibt sich $5,5 \,\text{cm} \cdot h = 8,25 \,\text{cm}^2$. Wieder durch Umkehrung erhält man $h = 1,5 \,\text{cm}$, daher gilt: Vergrößert sich die Oberfläche um 2,75 cm², so verlängert sich die Höhe um **0,25 cm**.

10 individuelle Zeichnungen

Oberflächeninhalt und Netze von Körpern (S. 48–49)

1 Die Seiten fügen sich zusammen zu dem Netz eines Prismas mit einem Parallelogramm als Grundfläche.

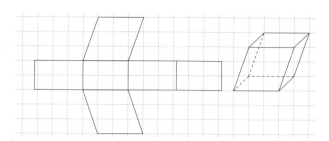

2 a) Der Bogen Geschenkpapier muss so groß sein, dass die Schachtel darauf Platz hat, wenn man sie aufschneidet und auffaltet. Skizziere daher das Netz der Schachtel und eine rechteckige Fläche darum, dann kannst du die Größen ablesen: Die Fläche muss mindestens 8 cm + 12 cm + 8 cm = 28 cm lang sein und 6 cm + 8,1 cm + 9 cm + 8,1 cm = 31,2 cm breit. Mit einer Zugabe auf allen Seiten von mindestens 1 cm sollte der Bogen Geschenkpapier daher mindestens 30 cm × 34 cm groß sein. (Andere Lösungen sind je nach Wahl des Netzes möglich.)

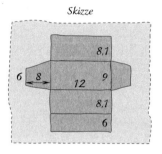

Skizze

b) Berechne die Oberfläche der Schachtel (= Fläche des Netzes):

$$12\,\text{cm} \cdot (6\,\text{cm} + 8,1\,\text{cm} + 9\,\text{cm} + 8,1\,\text{cm}) + 2 \cdot \left(\frac{6\,\text{cm} + 9\,\text{cm}}{2}\right) \cdot 8\,\text{cm} = \mathbf{494{,}4\,\text{cm}^2}$$

Zusatz: $30\,\text{cm} \cdot 34\,\text{cm} = 1\,020\,\text{cm}^2$, daran sieht man, dass ungefähr doppelt soviel Papier zum Einpacken notwendig ist, als tatsächlich sichtbar ist.

3 a) Die Höhe der Pyramide ist für die Berechnung unwichtig, man benötigt nur die Höhe der Seitenflächen. Die Grundfläche muss nicht berechnet werden, da sie nicht sichtbar ist. Die Seitenflächen sind deckungsgleiche Dreiecke. Daher ergibt sich für die sichtbare

Oberfläche $4 \cdot \frac{1}{2} \cdot 187\,\text{m} \cdot 233\,\text{m} = \mathbf{87\,142\,\text{m}^2}$.

b) Dadurch, dass bei der Grundfläche nicht alle Kanten gleich lang sind, stehen die Dreiecksseiten nicht im selben Winkel zur Grundfläche. Dadurch ist der „Weg" von der Unterkante bis zur Spitze einmal flacher, einmal steiler, also somit auch einmal länger, einmal kürzer. Daher sind die Höhen der Dreiecksseiten **nicht gleich lang**.

4 a) Da [AC] Symmetrieachse ist, ist D der Bildpunkt von B, daher steht [DB] senkrecht auf der Achse, also schneiden sich die Diagonalen im **rechten Winkel**.

b) Die Diagonalen teilen das Viereck in vier Dreiecke. Teilt man die linken Dreiecke ab und fügt sie rechts wieder an, so entsteht ein Rechteck mit den Seitenlängen 5 cm ($= \overline{AC}$) und 1 cm ($= \frac{1}{2} \cdot \overline{DB}$), der Flächeninhalt beträgt **5 cm²**.

c) Das Dreieck ABC ist rechtwinklig mit dem Flächeninhalt $\frac{1}{2} \cdot 2,3\,\text{cm} \cdot 1,8\,\text{cm} = 2,07\,\text{cm}^2$.

Das Drachenviereck ist doppelt so groß. Jetzt lässt sich der Oberflächeninhalt des Prismas berechnen: $O_{\text{Prisma}} = 2 \cdot A_{\text{Grundfläche}} + u_{\text{Grundfläche}} \cdot h_{\text{Prisma}}$

$= 2 \cdot (2 \cdot 2,07\,\text{cm}^2) + 2 \cdot (2,3\,\text{cm} + 1,8\,\text{cm}) \cdot 3\,\text{cm} = 8,28\,\text{cm}^2 + 24,6\,\text{cm}^2 = \mathbf{32{,}88\,\text{cm}^2}$.

5 a) $\mathbf{18 - (23 + 11) - 7} = 18 - 41 = \mathbf{-23}$ **b)** $\mathbf{58 - (13 - 21 + 22)} = 58 - 14 = \mathbf{44}$

6 Spiel

Volumen (S. 50–51)

1 **a)** $\ldots = 3{,}28 \cdot 1\,000\,\text{mm}^3 = \mathbf{3\,280\,mm^3}$

   b) $\ldots = 1{,}5 \cdot 1\,000\,\text{ml} = \mathbf{1\,500\,ml}$

   c) $\ldots = 206 : 1\,000\,\text{dm}^3 = \mathbf{0{,}206\,dm^3}$

   d) $\ldots = 0{,}02 \cdot 106\,\text{cm}^3 = \mathbf{20\,000\,cm^3}$

   e) $\ldots = 0{,}25\,\text{dm}^3 = 0{,}25 \cdot 1\,000\,\text{cm}^3 = \mathbf{250\,cm^3}$

   f) $\ldots = 300\,\text{l} = 300\,\text{dm}^3 = \mathbf{0{,}3\,m^3}$

2 $1\,\text{km}^3 = 1\,\text{km} \cdot 1\,\text{km} \cdot 1\,\text{km} = (1\,000\,\text{m})^3 = 1\,000^3\,\text{m}^3 = \mathbf{10^9\,m^3}$

3 **a)** Zerlege die Körper in Einheitswürfel mit Kantenlänge 1 cm:

   A: Es sind 8 Würfel und an der rechten Seite 2 halbe Würfel. $V = 8\,\text{cm}^3 + 1\,\text{cm}^3 = \mathbf{9\,cm^3}$

   B: Es sind drei Viertel eines Würfels. $V = \mathbf{0{,}75\,cm^3}$.

   C: $V = 5\,\text{cm}^3 + \frac{3}{4}\,\text{cm}^3 + 2 \cdot \frac{1}{2}\,\text{cm}^3 = \mathbf{6{,}75\,cm^3}$.

   b) Bei A fehlen zwei halbe Würfel, insgesamt **1 cm³**. B ist schon ein Quader. Bei C fehlt in der Mitte ein Viertel Würfel und darüber ein ganzer, rechts und links je ein halber Würfel, insgesamt **2,25 cm³**. (Man könnte auch rechnen $9\,\text{cm}^3 - 6{,}75\,\text{cm}^3 = 2{,}25\,\text{cm}^3$.)

   c) Ein Einheitswürfel hat dann die Kantenlänge 1 dm, die berechneten Volumen tragen dann die Einheit dm³.
   Wegen $1\,\text{dm}^3 = 1\,000\,\text{cm}^3$ hat sich das Volumen **vertausendfacht**.

4

m³		dm³		cm³			mm³		
2	0	5	7	0	1	3			2 m³ 57 dm³ 13 cm³
				1	4	6	9		0,146 9 dm³
					3	0	8	1	3,081 ml

5 1 Liter Limo besteht aus 0,2 l Sirup und 0,8 l Wasser. Die Fruchtsaftmenge darin ist $0{,}2\,\text{l} \cdot 54\,\% = 0{,}2\,\text{l} \cdot 0{,}54 = 0{,}108\,\text{l} = \mathbf{108\,ml}$. Der Anteil des Fruchtsafts an der Limo ist $108\,\text{ml} : 1\,000\,\text{ml} = \mathbf{10{,}8\,\%}$.

6 **a)**

   b) ccm ist eine veraltete Darstellung für cm³ und bedeutet Kubikzentimeter.

c) Das sind Angaben in Gramm, sie dienen **zum Abmessen der Zutaten** nach Masse und nicht nach Volumen.
Hinweis: 1 Liter Wasser wiegt genau 1 kg. Anhand des Messbechers kann man sehen, dass das gleiche Volumen an Mehl, Zucker und Wasser jeweils eine andere Masse hat; Mehl ist am leichtesten, Wasser am schwersten.

7 a) $\ldots = 1{,}25\,l + 0{,}3\,ml + 0{,}375\,l = 1\,250\,ml + 0{,}3\,ml + 375\,ml = \mathbf{1\,625{,}3\,ml}$

   b) $\ldots = 8\,000\,cm^3 - (700\,cm^2 - 96\,cm^2) \cdot 12\,cm = 8\,000\,cm^3 - 7\,248\,cm^3 = \mathbf{752\,cm^3}$

8 a) $7! = 1 \cdot 2 \cdot 3 \cdot 4 \cdot 5 \cdot 6 \cdot 7 = \mathbf{5\,040}$

   b) $8! = 1 \cdot 2 \cdot 3 \cdot 2^2 \cdot 5 \cdot (2 \cdot 3) \cdot 7 \cdot 2^3 = \mathbf{2^7 \cdot 3^2 \cdot 5 \cdot 7}$

9 A bezeichnet den Kanister mit 5 Litern Fassungsvermögen, B den mit 3 Litern:
Fülle A vollständig und gieße das Wasser nach B (A: 2 l Rest, B: voll); leere B aus und gieße das Wasser aus A nach B
(A leer, B: 2 l); fülle A voll und gieße so viel Wasser wie möglich nach B. In B waren 2 Liter, 1 Liter hatte noch Platz. In A fehlt jetzt 1 Liter, also sind exakt 4 Liter darin.

Volumen des Quaders (S. 52–53)

1 Das Becken hat die Größe eines Quaders mit Grundfläche 7 m² und Höhe 0,9 m, das Volumen (Fassungsvermögen) ist daher $7\,m^2 \cdot 0{,}9\,m = 6{,}3\,m^2 = 6\,300\,dm^3 = \mathbf{6\,300\,l}$.

2 Die Breite aller Teilkörper ist immer 1 cm, da die schrägen Kanten eine Kästchendiagonale lang sind.

Zum Quader ergänzen: Der Quader hat bei allen drei Buchstaben ein Volumen von $2{,}5\,cm \cdot 1{,}5\,cm \cdot 1\,cm = 3{,}75\,cm^3$.
$V_P = 3{,}75\,cm^3 - 0{,}5^2\,cm^2 \cdot 1\,cm - 1\,cm^3 = \mathbf{2{,}5\,cm^3}$
$V_S = 3{,}75\,cm^3 - 2 \cdot (0{,}5\,cm \cdot 1\,cm \cdot 1\,cm) = \mathbf{2{,}75\,cm^3}$
$V_T = 3{,}75\,cm^3 - 2 \cdot (1{,}5\,cm \cdot 0{,}5\,cm \cdot 1\,cm) = \mathbf{2{,}25\,cm^3}$

In kleinere Quader zerlegen: Jeder Buchstabe kann in verschieden große Teile zerlegt werden, am einfachsten geht es jedoch, die Buchstaben in kleine Quader mit $\frac{1}{4}\,cm^3$ Volumen zu zerlegen (zähle dazu einfach die Kästchen der Grundfläche).
$V_P = 10 \cdot 0{,}25\,cm^3 = 2{,}5\,cm^3$; $V_S = 11 \cdot 0{,}25\,cm^3 = 2{,}75\,cm^3$; $V_T = 9 \cdot 0{,}25\,cm^3 = 2{,}25\,cm^3$

3 a) $V_W = s^3 = (4\,m)^3 = \mathbf{64\,m^3}$; $O_W = 6 \cdot s^2 = 6 \cdot 16\,m^2 = \mathbf{96\,m^2}$

   b) $64 = 2^6$, also müssen die Kantenlängen des Quaders Zweier-Potenzen sein,
z. B. $l = 2\,m$, $b = 4\,m$, $h = 8\,m$. Der Oberflächeninhalt misst dann
$O_Q = 2 \cdot (8\,m^2 + 16\,m^2 + 32\,m^2) = 112\,m^2$.

   c) Für den Oberflächeninhalt des Quaders gilt: $96\,m^2 = 2 \cdot (l \cdot b + l \cdot h + b \cdot h)$, die Klammer muss daher 48 m² ergeben. Nun muss man ausprobieren, z. B. indem man $l = 1\,m$ setzt, dann lautet die Gleichung $48\,m^2 = b + h + b \cdot h$. Durch weiteres Probieren findet man z. B. die Lösung $b = h = 6\,m$. Das Volumen des Quaders ist dann $V_Q = 1\,m \cdot 6\,m \cdot 6\,m = 36\,m^3$.

Hinweis: Vergleicht man die Daten aus b) und c) mit denen aus a), so stellt man fest, dass der Quader in b) eine größere Oberfläche hat als der Würfel und der Quader in c) hat ein kleineres Volumen als der Würfel. Dies ist nicht nur in den gefundenen Beispielen so, denn der Würfel ist unter den Quadern mit dem gleichen Volumen immer der mit der kleinsten Oberfläche. Umgekehrt hat der Würfel bei gleicher Oberfläche immer das größte Volumen.

4 Das minimale Volumen ist 2,9 cm · 1,9 cm · 3,9 cm = **21,489 cm³**. Das maximale Volumen ist 3,1 cm · 2,1 cm · 4,1 cm = **26,691 cm³**. Die Ergebnisse für das Quadervolumen liegen zwischen diesen beiden Werten.

5 **a)** Auf 1 m² = 100 dm² sammelten sich 50 l Regen, also sammelten sich in dem Eimer 50 l : 100 = **0,5 l**.

   b) 50 l pro Quadratmeter kann man umformen zu 50 dm³ pro 100 dm².
   Das Volumen 50 dm³ entspricht dem Volumen eines Quaders mit Grundfläche 100 dm² und Höhe 50 dm³ : 100 dm² = 0,5 dm = 5 cm = **50 mm**. Es gab also 50 mm Niederschlag (*oder*: 50 l = 0,05 m³ = 1 m² · 0,05 m = 1 m² · 50 mm).

6 Verdopple die Grundfläche des Prismas, so dass ein Parallelogramm entsteht, dann forme das Parallelogramm zu einem Rechteck um (siehe Skizze).
Dieses Rechteck hat den doppelten Flächeninhalt des Dreiecks:
A_R = 0,35 dm · 1,2 cm = 3,5 cm · 1,2 cm = 4,2 cm².
Das entstandene Prisma mit rechteckiger Grundfläche hat das Volumen V_R = 4,2 cm² · 23,7 cm = 99,54 cm³, das Volumen des Prismas mit dreieckiger Grundfläche ist halb so groß: V_D = 99,54 cm³ · 2 = **49,77 cm³** ≈ **50 cm³**.

Hinweis: Man sieht, dass das Volumen des Prismas durch das Produkt Grundfläche des Dreiecks mal Höhe berechnet wurde. Diese Formel gilt allgemein für alle Prismen (vgl. Quader = Prisma mit rechteckiger Grundfläche).

7 **a)** Mit den Rechenzeichen + / – ergeben sich wegen 11 + 143 = 154 die Lösungen **+ 154 oder – (– 154)**.
   Mit den Rechenzeichen · / : ergibt sich wegen 143 : 11 = 13 die Lösung **: (– 13)**.

   b) Mit den Rechenzeichen + / – ergeben sich wegen 8 + 96 = 104 die Lösungen **– 104 oder + (– 104)**.
   Mit den Rechenzeichen · / : ergibt sich wegen 96 : 8 = 12 die Lösung **· (– 12)**.

   c) Mit den Rechenzeichen + / – ergeben sich wegen 165 – 5 = 160 die Lösungen **– 160 oder + (– 160)**.
   Mit den Rechenzeichen · / : ergibt sich wegen 165 : 5 = 33 die Lösung **· 33**.

8 Zähle zunächst alle Einheitswürfel zusammen:
4 + 2 + 5 + 8 + 2 · 4 = 27 = 3³. Es ist also ein Würfel mit Kantenlänge 3 cm gesucht. Zur besseren Vorstellung kannst du dir schrittweise die Schrägbilder zeichnen oder die einzelnen Ebenen in der Draufsicht (von oben auf den Würfel gesehen).
1. Schritt: Lege Teil D „auf den Boden des Würfels" und stecke Teil B senkrecht hinein (unterste Ebene ist voll).
2. Schritt: Lege Teil A um Teil B und daneben noch ein Teil E. (Auf der zweiten Ebene fehlt nur noch eine Ecke.)
3. Schritt: Stecke das zweite Teil E mit der „Nase" nach unten hinein und fülle mit Teil C die letzte Lücke.

Teste dich! (S. 54–55)

Flächeninhalt von Parallelogramm, Dreieck und Trapez: … $A_P = g \cdot h$ …verdoppeln lassen

1 a) Berechnet sich die Fläche mit $a \cdot d$, so muss d die Höhe zu a sein und umgekehrt. Dazu müssen a und d aufeinander senkrecht stehen, also ist das Parallelogramm ein **Rechteck.**

  b) h_d ist die Höhe zu d. Lässt sich die Fläche mit $A_P = a \cdot h_d$ berechnen, so muss $a = d$ sein. Demnach sind alle Seiten des Parallelogramms gleich lang, es handelt sich also um eine **Raute.**

2 a) Handelt es sich um ein unregelmäßiges Trapez, bei dem nur ein gegenüberliegendes Seitenpaar a und c parallel ist, so gibt es nur **eine Höhe**, nämlich den Abstand von a und c. Im speziellen Fall eines Parallelogramms gibt es natürlich 2 unterschiedliche Höhen.

  b) Ein unregelmäßiges Trapez oder ein „normales" Parallelogramm haben **keine Symmetrieachsen.** Die Sonderformen Raute und Rechteck haben je zwei Symmetrieachsen, das Quadrat sogar vier.

3 *1. Variante:* Summiere die Flächen der Dreiecke und der Rechtecksfläche in der Mitte.

$1\,\text{cm}^2 + \frac{1}{2} \cdot 3\,\text{cm} \cdot 2\,\text{cm} + 3\,\text{cm} \cdot 2\,\text{cm} = \mathbf{10\,cm^2}$

2. Variante: Berechne die Seite a und wende die Flächenformel für Trapeze an. Das Dreieck AED hat bei einer Höhe von 2 cm eine Fläche von 1 cm², also muss die Grundlinie $[AE]$ 1 cm lang sein. Darum misst die Seite $a = 1\,\text{cm} + 3\,\text{cm} + 3\,\text{cm} = 7\,\text{cm}$ und für die Trapezfläche gilt

$A_T = \frac{7\,\text{cm} + 3\,\text{cm}}{2} \cdot 2\,\text{cm} = 10\,\text{cm}^2.$

3. Variante: Addiere den Flächeninhalt des Dreiecks AED und den Flächeninhalt des übrig bleibenden Trapezes mit den Seiten $[EB]$ und c:

$1\,\text{cm}^2 + \frac{1}{2} \cdot (6\,\text{cm} + 3\,\text{cm}) \cdot 2\,\text{cm} = 1\,\text{cm}^2 + 9\,\text{cm}^2 = 10\,\text{cm}^2.$

Schrägbild Netz und Oberfläche: … räumlichen Vorstellung/Anschaulichkeit … Oberflächeninhalts … Netz

4 a) $O_1 = 2 \cdot A_{\text{Grundfläche}} + u_{\text{Grundfläche}} \cdot h = 32{,}4\,\text{cm}^2 + 15\,\text{cm} \cdot 7{,}3\,\text{cm} = 32{,}4\,\text{cm}^2 + 109{,}5\,\text{cm}^2$

  $= \mathbf{141{,}9\,cm^2}$

  $O_2 = 32{,}4\,\text{cm}^2 + 109{,}5\,\text{cm}^2 \cdot \frac{1}{3} = 32{,}4\,\text{cm}^2 + 36{,}5\,\text{cm}^2 = \mathbf{68{,}9\,cm^2}$

  $O_3 = 32{,}4\,\text{cm}^2 + 109{,}5\,\text{cm}^2 \cdot \frac{2}{3} = 32{,}4\,\text{cm}^2 + 73\,\text{cm}^2 = \mathbf{105{,}4\,cm^2}$

  Am Inhalt der Grund- und Deckfläche ändert sich also nichts, es ändert sich nur die Summe der Seitenflächen. O_2 hat immerhin noch $68{,}9 : 141{,}9 = 0{,}4855.. \approx 49\,\%$ der Oberfläche von O_1, O_3 hat noch $105{,}4 : 141{,}9 = 0{,}7427… \approx 74\,\%$ der Oberfläche von O_1.

  b) $O_2 + O_3 - O_1 = 68{,}9\,\text{cm}^2 + 105{,}4\,\text{cm}^2 - 141{,}9\,\text{cm}^2 = \mathbf{32{,}4\,cm^2}$

  $32{,}4\,\text{cm}^2$ war genau der Flächeninhalt von Grund- und Deckfläche zusammen, das sind die beiden (Schnitt-)Flächen, die neu entstehen, wenn man P_1 zerschneidet.

Volumen: … Einheitswürfeln … Grundfläche …

5 **a)** 10^6 **b)** 10^3 **c)** … $= 10^7$ **d)** 10^5

6 **a)** Siehe Zeichnung rechts; beachte, dass zwei gegenüberliegende Würfel-
seiten zusammen immer die Summe 7 ergeben.

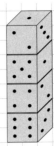

b) $V = 4 \cdot 1\,\text{cm}^3 = \textbf{4}\,\textbf{cm}^3$

7 In den Karton passen pro Lage 8 Reihen mit je 3 Getränkepackungen, überein-
ander haben 4 Packungen Platz. Insgesamt ergeben sich $3 \cdot 8 \cdot 4 = 96$ Packungen
mit einem Inhalt von je 200 ml. In der Summe befinden sich also in dem Karton
$96 \cdot 200\,\text{ml} = 19\,200\,\text{ml} = \textbf{19,2 l Apfelsaft}$.

8 **a)** Die Höhe des Quaders spielt für die Berechnung keine Rolle (er muss natür-
lich hoch genug sein, damit das Wasser nicht überläuft). $18\,\text{l} = 18\,\text{dm}^3 = 18\,000\,\text{cm}^3$, bei einer Grundfläche von $20\,\text{cm} \cdot 30\,\text{cm} = 600\,\text{cm}^2$ ergibt das eine Höhe von
$18\,000\,\text{cm}^3 : 600\,\text{cm}^2 = \textbf{30}\,\textbf{cm}$.

b) Steigt das Wasser um 5 cm, so vergrößert sich das Volumen auf $5\,\text{cm} \cdot 600\,\text{cm}^2 = 3\,000\,\text{cm}^3$
$= \textbf{3}\,\textbf{dm}^3$. Das Volumen der Kugel ist daher $3\,\text{dm}^3$. (Das ist eine Kugel mit knapp 18 cm
Durchmesser.)

9 **a)** Siehe Zeichnung rechts.
Man muss ein Prisma mit dreieckiger Grundfläche ergänzen.

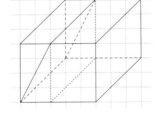

b) Die Höhe des Prismas ist 3 cm. Die Grundfläche ist ein
Trapez, das man in ein Rechteck und ein rechtwinkliges
Dreieck zerlegen kann:
– Das Rechteck hat eine Fläche von $1,5\,\text{cm} \cdot 2\,\text{cm} = 3\,\text{cm}^2$.
Der zugehörige kleine Quader hat daher eine Volumen von
$3\,\text{cm}^2 \cdot 3\,\text{cm} = 9\,\text{cm}^3$.
– Das Dreieck halbiert ein Rechteck mit der Fläche $1\,\text{cm} \cdot 2\,\text{cm} = 2\,\text{cm}^2$,
das Volumen des Dreieck-Prismas ist daher $\frac{1}{2} \cdot 2\,\text{cm}^2 \cdot 3\,\text{cm} = 3\,\text{cm}^3$.
Zusammen ergibt sich ein Volumen von $9\,\text{cm}^3 + 3\,\text{cm}^3 = \textbf{12}\,\textbf{cm}^3$

c) An der Zeichnung sieht man, dass das Prisma **80 %** des Quadervolumens einnimmt.
Rechnung: $12\,\text{cm}^3 : (2\,\text{cm} \cdot 2,5\,\text{cm} \cdot 3\,\text{cm}) = 12\,\text{cm}^3 : 15\,\text{cm}^3 = 0,8 = 80\,\%$

Lösungen Kapitel 7 – Rechnen mit rationalen Zahlen

Vergleichen und Ordnen von rationalen Zahlen (S. 56–57)

1 a)

	Gegenzahl	Betrag	Kehrbruch
$\frac{4}{-5}$	$\frac{4}{5}$	$\frac{4}{5}$	$-\frac{5}{4}$
$\frac{2}{3}$	$-\frac{2}{3}$	$\frac{2}{3}$	$\frac{3}{2}$
-2	2	2	$-\frac{1}{2}$
1	-1	1	1

b) Die Gegenzahl hat immer ein anderes Vorzeichen als die Zahl selbst, der Betrag hat ein anderes Vorzeichen, wenn die Zahl negativ ist. Daher gilt dies **bei allen negativen rationalen Zahlen.**

c) Dies gilt nur für **1**.

d) Der Kehrbruch ändert das Vorzeichen nicht, die Gegenzahl schon, deshalb gibt es **keine** rationale Zahl mit dieser Eigenschaft. (Für Null gilt es auch nicht, denn Null hat keinen Kehrbruch!)

2 a) Richtig, denn bei positiven Zahlen ist der Betrag auch positiv.

b) Richtig, denn es ändert sich nur das Vorzeichen, die Zahl bleibt ganz.

c) Falsch, das gilt nur für ganze Zahlen mit Zähler 1, also für 1 und -1. Richtig müsste es heißen: Liegt a in $\mathbb{Z}$, liegt der Kehrbruch von a in $\mathbb{Q}$.

d) Falsch, denn der Kehrbruch ändert das Vorzeichen nicht. Richtig müsste es heißen: Ist a eine positive rationale Zahl, ist der Kehrbruch auch eine positive rationale Zahl.

3 Bei den rationalen Zahlen zwischen -1 und 0 ist der Betrag des Zählers kleiner als der Betrag des Nenners, beim Kehrbruch ist es umgekehrt. Das Vorzeichen ändert sich nicht, also liegt der Kehrbruch **links von -1**.
Beim Betrag ändert sich nur das Vorzeichen, er liegt deshalb **zwischen 0 und 1.**

4 a) $\frac{4}{3} = 1{,}333\ldots > 1{,}332$, daher gilt $-\frac{4}{3} < 1{,}332$.

b) $0{,}028\,49 > 0{,}028\,39$, also $-0{,}028\,49 < -0{,}028\,39$

c) $0{,}375 = \frac{3}{8} = \frac{9}{24} > \frac{7}{24}$

d) $-0{,}001\,11 < 0{,}000\,111$

5 Wandle unechte Brüche in gemischte Zahlen um:

a) $-\frac{39}{7} = -5\frac{4}{7} < -5 < -4\frac{5}{6} = -\frac{29}{6}$

b) $\frac{178}{25} = 7\frac{3}{25} > 7 > 6\frac{20}{23} = \frac{158}{23}$

c) $\frac{9}{12} > \frac{8}{12} = \frac{2}{3} = \frac{6}{9} > \frac{5}{9}$

d) $-\frac{26}{18} = -1\frac{4}{9} > -1\frac{1}{2} > -1\frac{9}{16} = -\frac{25}{16}$

6 $\frac{23}{6}$ ist größer, da bei dieser Zahl sowohl der Zähler größer, als auch der Nenner kleiner ist:
$\frac{23}{6} > \frac{22}{6} > \frac{22}{7}$ oder $\frac{23}{6} > \frac{23}{7} > \frac{22}{7}$

7 Die Berechnung des Abstands folgt immer einer festen Regel: Haben die Zahlen gleiche Vorzeichen, so rechne „größerer Betrag – kleinerer Betrag", haben sie unterschiedliche Vorzeichen, so summiere die Beträge.

a) $\frac{57}{12} = 4\frac{9}{12} = 4{,}75$; $4{,}75 - 4{,}375 = \textbf{0{,}375}$

b) $2{,}38 - 1{,}01 = \textbf{1{,}37}$

c) $0{,}03 + 0{,}18 = \textbf{0{,}21}$

d) $\frac{11}{6} - \frac{2}{3} = \frac{11-4}{6} = \frac{\mathbf{7}}{\mathbf{6}}$

e) $\frac{13}{17} + \frac{7}{8} = \frac{13 \cdot 8 + 7 \cdot 17}{136} = \frac{\mathbf{223}}{\mathbf{136}}$

8 Zur Lösung dieser Aufgabe bietet sich eine Vierfeldertafel an:

$\frac{77}{616} = \frac{1}{8}$ entschieden sich für die Kombination grün/schwarz, $\frac{3}{7}$ für blau/beige, $62{,}5\% = 0{,}625 = \frac{5}{8}$ entschieden sich für blaue Jeans. Damit entschieden sich $\frac{3}{8}$ für schwarze Jeans und $\frac{2}{8}$ für die Kombi-

	schwarz	blau	
beige	$\frac{2}{8}$	$\frac{3}{7}$	
grün	$\frac{1}{8}$	$\frac{11}{56}$	
	$\frac{3}{8}$	$\frac{5}{8}$	1

nation beige/schwarz. $\frac{5}{8} - \frac{3}{7} = \frac{11}{56}$ wählten die Kombination grün/blau.

Die anderen Werte der Tafel werden nicht benötigt.

Vergleiche jetzt die Stimmanteile der Kombinationen:

$\frac{3}{7} > \frac{2}{8}$, da der Zähler größer ist und der Nenner kleiner; $\frac{11}{56} < \frac{16}{56} = \frac{2}{7} < \frac{3}{7}$.

Die meisten Stimmen erhielt also die Kombination **blaue Jeans mit beigen Oberteilen**.

9 a) In einer Stunde überstreicht der Stundenzeiger einen Winkel von $360° : 12 = 30°$.
Von 8:30 Uhr bis 13 Uhr sind es 4,5 Stunden, also überstreicht der Zeiger einen Winkel von $30° \cdot 4{,}5 = \mathbf{135°}$.

b) In einer Minute überstreicht der Minutenzeiger einen Winkel von $360° : 60 = 6°$.
Von 11:47 Uhr bis 12:13 Uhr sind es 26 Minuten, also überstreicht der Zeiger einen Winkel von $6° \cdot 26 = \mathbf{156°}$.

10 Starte rechts unten und rechne gegen den Uhrzeigersinn:

$\frac{1}{2} \cdot \frac{3}{4} = \frac{3}{8}$; $\frac{3}{8} - \frac{1}{8} = \frac{2}{8} = \frac{1}{4}$; $\frac{1}{4} + \frac{1}{5} = \frac{5+4}{20} = \frac{9}{20}$; $\frac{9}{20} : \frac{21}{10} = \frac{9 \cdot 10}{20 \cdot 21} = \frac{3}{14}$; $\frac{3}{14} + \frac{11}{14} = 1$

Addition und Subtraktion rationaler Zahlen (S. 58–59)

1 **a)** $\ldots = -\left(\frac{13}{6} - \frac{4}{15}\right) = -\frac{65-8}{30} = -\frac{57}{30} = -1\frac{9}{10}$

b) $\ldots = -\left(\frac{9}{14} + \frac{2}{35}\right) = -\frac{45+4}{70} = -\frac{49}{70} = -\frac{7}{10}$

c) $\ldots = -\left(\frac{2}{21} - \frac{1}{12}\right) = -\frac{8-7}{84} = -\frac{1}{84}$

d) $\ldots = \frac{3}{10} - \frac{3}{26} = \frac{39-15}{130} = \frac{24}{130} = \frac{12}{65}$

2 $2{,}837 - (-1{,}504) + (-0{,}38) + (-0{,}619) = 2{,}837 + 1{,}504 - (0{,}38 + 0{,}619) = 4{,}341 - 0{,}999 =$ **3,342**

3 **a)** $\ldots = -\frac{5}{6} + \frac{5}{14} - \frac{2}{9} - \frac{13}{7} = \frac{5}{14} - \frac{26}{14} - \frac{15}{18} - \frac{4}{18} = -\frac{21}{14} - \frac{19}{18} = -1\frac{1}{2} - 1\frac{1}{18} = -2\frac{10}{18} = -2\frac{5}{9}$

b) $\ldots = -\frac{4}{9} + \frac{1}{3} - \frac{1}{10} - \frac{1}{10} \cdot \frac{2}{3} - \frac{5}{12} + \frac{3}{4} = \frac{-4+3}{9} + \frac{-3-2}{30} + \frac{-5+9}{12} = -\frac{1}{9} - \frac{1}{6} + \frac{1}{3} = \frac{-2-3+6}{18} = \frac{1}{18}$

4 Mache die Brüche zuerst gleichnamig:

a) z. B. $-\frac{17}{30} + \frac{2}{5} - \frac{1}{2} = -\frac{2}{3}$, denn $-\frac{17}{30} + \frac{12}{30} - \frac{15}{30} = -\frac{20}{30}$ $\left(\text{es geht auch } \frac{17}{30} - \frac{2}{5} + \frac{1}{2} = \frac{2}{3}\right)$

a) z. B. $-\frac{3}{14} - \frac{13}{21} + \frac{7}{6} = \frac{1}{3}$, denn $-\frac{9}{42} - \frac{26}{42} + \frac{49}{42} = \frac{14}{42}$ $\left(\text{es geht auch } \frac{3}{14} + \frac{13}{21} - \frac{7}{6} = -\frac{1}{3}\right)$

5 **a)** $\ldots = -2 + 3{,}5 - 7{,}3 = 3{,}5 - 9{,}3 = -(9{,}3 - 3{,}5) = \mathbf{-5{,}8}$

b) $\ldots = |-1| + 8{,}75 - 12{,}031 = 9{,}75 - 12{,}031 = -(12{,}031 - 9{,}75) = \mathbf{-2{,}281}$

c) $\ldots = -9{,}001 + |-0{,}61| - 2{,}31 = 0{,}61 - 11{,}311 = \mathbf{-10{,}701}$

6 **a)** Schwarzwälder Kirsch: $\frac{4}{12} = \frac{1}{3}$, Käsesahne: $\frac{8}{12} = \frac{2}{3}$, Erdbeer: $\frac{1}{4}$; Apfelstrudel: $\frac{1}{7}$

b) Schwarzwälder Kirsch: $\frac{4}{12} - \frac{10}{12} = -\frac{6}{12} = -\frac{1}{2}$, Käsesahne: $\frac{8}{12} - \frac{7}{12} = \frac{1}{12}$ (hier wäre sogar noch ein Stück übrig), Erdbeer: $\frac{3}{12} - \frac{5}{12} = -\frac{2}{12} = -\frac{1}{6}$; Apfelstrudel: $\frac{2}{14} - \frac{9}{14} = -\frac{7}{14} = -\frac{1}{2}$.

7 **a)** Zuerst muss man die Regel verwenden, dass man rationale Zahlen subtrahiert, indem man die Gegenzahl addiert. Damit kann man den Term so formen, dass alle Glieder das Rechenzeichen + haben, z. B. $1 - 2 + 3 = 1 + (-2) + 3$. Dann kann man das Kommutativgesetz anwenden, das für die Addition gilt, z. B. $1 + (-2) + 3 = 1 + 3 + (-2) = 1 + 3 - 2$

b) 1. Term $= 11{,}41 - 8{,}31 + 7{,}6 - 9{,}6 - 0{,}02 - 1{,}98 = 3{,}1 - 2 - 2 = \mathbf{-0{,}9}$

2. Term $= -\frac{2}{5} + \frac{3}{10} + \frac{11}{15} - \frac{1}{3} + \frac{7}{6} + \frac{3}{4} - \frac{13}{8} = \frac{-12+9+22}{30} + \frac{-2+7}{6} + \frac{6-13}{8} = \frac{19}{30} + \frac{5}{6} + \frac{-7}{8}$

$= \frac{76 + 100 - 105}{120} = \frac{\mathbf{71}}{\mathbf{120}}$

8 Untersuche die Zahlen der Reihe nach auf mögliche Primteiler. Wegen $14^2 = 196$ reicht es, die Primteiler kleiner gleich 13 zu untersuchen: Teilbar durch 3 (untersuche die Quersumme) sind $81 = 3^4$, $87 = 3 \cdot 29$, $183 = 3 \cdot 61$ und $189 = 3^3 \cdot 27$.

Teilbar durch 5 sind $85 = 5 \cdot 17$ und $185 = 5 \cdot 37$. Übrig sind jetzt noch die Zahlen 83, 89, 181 und 187. Durch 7 und 13 ist keine dieser Zahlen teilbar, aber $187 = 11 \cdot 17$. Die Zahlen **83, 89 und 181** sind daher Primzahlen.

9 Das große Dreieck wurde in 5 kleine Dreiecke zerlegt. Beginne beim kleinen Dreieck oben links und bezeichne die 5 kleinen Dreiecke im Uhrzeigersinn mit A, B, C, D und E. Diese kleinen Dreiecke bilden die größeren Dreiecke A + B, B + C, C + D, E + A, A + E + D und E + D + C. Insgesamt verbergen sich $1 + 5 + 6 = $ **12 Dreiecke** in dieser Figur.

Multiplikation und Division rationaler Zahlen (S. 60–61)

1

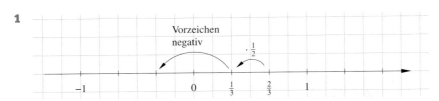

Zuerst wird mit $\frac{1}{2}$ multipliziert, dadurch halbiert sich der Abstand zur Null. Dann wird das Vorzeichen gesetzt, dadurch wandert die Zahl auf die andere Seite der Null.

2 Betrachte zunächst die Vorzeichen: nur die Terme A, C und F haben einen negativen Wert. Schreibt man die Zahlen auf einen Bruchstrich und wendet das Kommutativgesetz an,

sieht man, dass alle gleich sind: $A = -\frac{3 \cdot 2}{10 \cdot 13} = C = -\frac{2 \cdot 3}{10 \cdot 13} = F = -\frac{3 \cdot 2}{13 \cdot 10}$

Bei den restlichen Termen verfahre ebenso, dann siehst du:

$D = \frac{3 \cdot 2}{10 \cdot 130} = B; E = \frac{3 \cdot 2}{13 \cdot 10} = G = \frac{2}{10} \cdot \frac{3}{13}$

3 a)

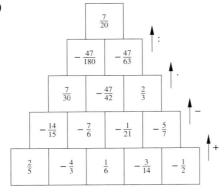

b) Bildet man mit dem ersten und dritten Wert der mittleren Reihe einen Quotienten, so ergibt sich das Ergebnis an der Spitze:

$\frac{7}{30} : \frac{2}{3} = \frac{7 \cdot 3}{30 \cdot 2} = \frac{7}{20}$

Man kann sich das erklären, wenn man in der mittleren Reihe allgemein die rationalen Zahlen a, b und c einsetzt. In der Reihe darüber steht dann $a \cdot b$ und $b \cdot c$. An der Spitze

erhält man das Ergebnis $a \cdot b : (b \cdot c) = \frac{a \cdot b}{b \cdot c} = \frac{a}{c}$

4 a) $\ldots = -2,5 \cdot \left(\frac{3}{7} - \frac{2}{5}\right) = -2,5 \cdot \frac{15 - 14}{35} = -\frac{25}{10} \cdot \frac{1}{35} = -\frac{1}{14}$

b) $\ldots = -\frac{3}{2} \cdot \frac{7}{3} + \frac{3}{2} \cdot \frac{5}{6} = \frac{3}{2} \cdot \left(-\frac{7}{3} + \frac{5}{6}\right) = \frac{3}{2} \cdot \frac{-14 + 5}{6} = -\frac{9}{4}$

5 a) Ohne Klammern ergibt sich $0,16 - 2,5 \cdot (-1,1) = 0,16 + 2,75 = \mathbf{2,91}$

Ohne die erste Klammer ergibt sich $-0,4^2 - 2,5 \cdot (0,2 - 1,3) = -0,16 + 2,75 = \mathbf{2,59}$

Ohne die zweite Klammer ergibt sich $(-0,4)^2 - 2,5 \cdot 0,2 - 1,3 = 1,6 - 0,5 - 1,3 = \mathbf{-0,2}$

b) Ohne Klammer ergibt sich $-\frac{7}{4} - \frac{5}{12} \cdot \frac{1}{3} = -\frac{63}{36} - \frac{5}{36} = -\frac{17}{9}$

Setzt man die Klammern um die ersten beiden Brüche oder um den dritten und

vierten Bruch, so verändert sich nichts. Aber $-\frac{3}{4} \cdot \frac{7}{3} - \frac{5}{6} : 2 \cdot \frac{1}{3} = -\frac{3}{4} \cdot \frac{3}{2} : 2 \cdot \frac{1}{3} = -\frac{3}{16}$

und $-\frac{3}{4} \cdot \frac{7}{3} - \frac{5}{6} : \left(2 \cdot \frac{1}{3}\right) = -\frac{7}{4} - \frac{5}{6} : \frac{2}{3} = -\frac{7}{4} - \frac{5}{4} = -3$

c) individuelle Lösungen

6 $3\,256,09 \,\text{€} + 2 \cdot 154\,\text{€} - \frac{1}{8} \cdot 1\,258\,\text{€} + 0,02 \cdot 2\,804,35\,\text{€} = 3\,256,09\,\text{€} + 308\,\text{€} - 157,25\,\text{€} + 56,09\,\text{€}$
$= \mathbf{3\,562,93\,\text{€}}$.

Auf einem Konto werden die Beträge immer nur auf Cent genau gebucht, deswegen wurden die Zinsen gerundet.

7 a) Erinnere dich: Setze in der Formel $(\Delta - 32) \cdot \frac{5}{9} = \dots$ für Δ die Maßzahl in Grad Fahrenheit

ein und du erhältst die Maßzahl in Grad Celsius. Beim Berechnen gibt es mehrere Möglichkeiten, z. B. alles auf einen Bruchstrich schreiben, in eine gemischte Zahl umwandeln und dann den Bruch in eine periodische Dezimalzahl umwandeln. Oder man kann den Quotienten des Bruches berechnen:

1. Januar: $(21 - 32) \cdot \frac{5}{9} = \frac{-11 \cdot 5}{9} = -6\frac{1}{9} = -6,\overline{1}$. Es waren ungefähr $\mathbf{-6\,°C}$.

2. Januar: $(19 - 32) \cdot \frac{5}{9} = \frac{-13 \cdot 5}{9} = -65 : 9 = -7,22\dots$ Es waren ungefähr $\mathbf{-7\,°C}$.

3. Januar = 1. Januar: $\mathbf{-6\,°C}$; 4. Januar: $(23 - 32) \cdot \frac{5}{9} = \frac{-9 \cdot 5}{9} = -5$. Es waren $\mathbf{-5\,°C}$.

5. Januar: $\mathbf{-3\,°C}$, 6. Januar: $\mathbf{0\,°C}$, 7. Januar: $\mathbf{3\,°C}$, 8. Januar = 6. Januar

b) Beim Berechnen des Durchschnitts rechne immer die Summe aller Werte dividiert durch die Anzahl der Werte.
Fahrenheit: $(21 + 19 + 21 + 23 + 27 + 32 + 35) : 7 = 178 : 7 \approx \mathbf{25}$
Celsius: $(-6 - 7 - 6 - 5 - 3 + 0 + 3) : 7 = -24 : 7 = -3,428\dots \approx \mathbf{-3}$

Probe: $(25 - 32) \cdot \frac{5}{9} = \frac{-7 \cdot 5}{9} = -3\frac{8}{9} = -3,8 \approx -4$ (Die Abweichung kommt daher, dass man bei Celsius mit gerundeten Werten gerechnet hat.)

8 a) Der Kreis schneidet die Punkte $S(-2\,|\,0,5)$ und $T(3\,|\,0,5)$, M liegt auf der Strecke $[ST]$, also hat $[ST]$ die Länge des Durchmessers: $d = 3\,\text{cm} - (-2\,\text{cm}) = \mathbf{5\,cm}$. (Die Punkte haben die gleiche y-Koordinate, deshalb kann man zur Berechnung des Abstandes die x-Koordinaten voneinander abziehen.)

b) B liegt auf der Kreislinie, deshalb ist der Abstand zu M genau der Radius: $r = 0,5 \cdot d = \mathbf{2,5\,cm}$.

9 Suche zuerst nach gleichen Primteilern in Zählern und Nennern,

z. B. den Teiler 11 in $\frac{22}{12}$ und $\frac{14}{11}$: $\frac{22}{12} \cdot \frac{14}{11} = \frac{14}{6} = \frac{7}{3}$. Auf diese Weise

hat man schon den ersten Term gefunden.

Betrachte auf der Suche nach den anderen Termen zusätzlich die Vorzeichen, denn in einem Term darf keine ungerade Anzahl von negativen Vorzeichen auftreten.

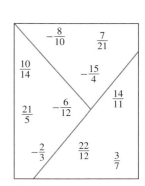

Teste dich! (S. 62–63)

Vergleichen und Ordnen von rationalen Zahlen: … kleinerem Nenner … größerem Zähler

1 $-\dfrac{67}{25} = -2\,\dfrac{17}{25} = -2\,\dfrac{68}{100} = -2,68;\ -\dfrac{13}{8} = -1\,\dfrac{5}{8} = -1,625$

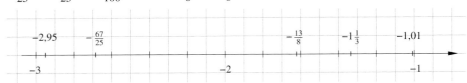

2 Berechne anteilig den Ausschuss und vergleiche die Brüche paarweise:

Schön genug zum Verkauf sind bei Sophia $\dfrac{41}{50} = 82\,\%$; bei Julia $\dfrac{49}{60} = 81,\overline{6}\,\%$

und bei Luca $\dfrac{57}{70}\ 81,4\,\%$.

Sophia hat also am saubersten gearbeitet.

Addition und Subtraktion rationaler Zahlen: … größeren … kleineren … Zahl mit dem größeren Betrag …

3 a) Setze $-\dfrac{36}{42}$ ein.   **b)** Setze $\dfrac{24}{15}$ ein.

4 Die Höhe h des Trapezes ist der Abstand der Seiten $a = [AD]$ und $c = [BC]$. Berechne die Längen, indem du für h den Abstand der x-Koordinaten berechnest und für a und c jeweils den Abstand der y-Koordinaten.

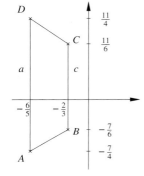

$a = \dfrac{7}{4} + \dfrac{11}{4} = \dfrac{18}{4} = 4,5;\ c = \dfrac{7}{6} + \dfrac{11}{6} = 3;\ h = \dfrac{6}{5} - \dfrac{2}{3} = \dfrac{18 - 10}{15} = \dfrac{8}{15}$

$A_{\text{Trapez}} = \dfrac{1}{2} \cdot (4,5\,\text{cm} + 3\,\text{cm}) \cdot \dfrac{8}{15}\,\text{cm} = \dfrac{15}{4}\,\text{cm} \cdot \dfrac{8}{15}\,\text{cm} = \mathbf{2\,\text{cm}^2}$

5 $-2,48 + \dfrac{7}{6} - \left|-\dfrac{7}{10}\right| = -\dfrac{248}{100} + \dfrac{7}{6} - \dfrac{7}{10} = -\dfrac{744}{300} + \dfrac{350}{300} - \dfrac{210}{300}$

$= -\dfrac{604}{300} = -\dfrac{151}{75} = -2\,\dfrac{1}{75}$

Multiplikation und Division rationaler Zahlen: … negativ … positiv … Divisor …

6 a) $\ldots = 2,4 - \dfrac{2}{5} = 2,4 - 0,4 = 2$

b) Durch Setzen der Klammer ändert sich nichts im Vergleich zu a)

c) Die Klammer wird Null und damit der Divisor. Das darf nicht sein, daher kann der Term nicht berechnet werden.

d) $\ldots = 2,4 - \dfrac{1}{25} = 2,4 - 0,04 = 2,36$

e) $\ldots = 2,4 - \dfrac{2}{25} = 2,4 - 0,08 = 2,32$

7

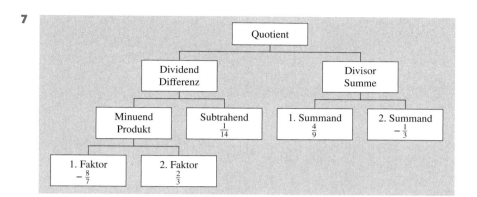

b) Der Term ist ein **Quotient**.

c) $\ldots = \left(-\dfrac{16}{21} - \dfrac{1}{14}\right) : \dfrac{4-3}{9} = \dfrac{-32-3}{42} : \dfrac{1}{9} = -\dfrac{35}{42} \cdot 9 = -\dfrac{5 \cdot 3}{2} = -\dfrac{15}{2}$

8 Spiel

Lösungen Kapitel 8 – Prozentrechnung, Diagramme, Schlussrechnung

Grundlagen der Prozentrechnung (S. 64–65)

1

	Hose	Zinsen	schwarzhaarig	Eintritt	Garage
Grundwert	60 €	4 € : 0,02 = 200 €	316	5,40 € : 0,6 = 9 €	17
Prozentwert	50 €	4 €	316 · 0,12 = 38	5,40 €	13
Prozentsatz	$\frac{50}{60} \approx 83\,\%$	2 %	$\approx 12\,\%$	60 %	$\frac{13}{17} \approx 76\,\%$

Zur Hose: Vorsicht, der Rabatt ist nicht der Prozentsatz!
Zu den Zinsen: Man kann auch rechnen 1 % sind 4 € : 2 = 2 €, 100 % sind 2 € · 100 = 200 €.
Zu den Schülern: die Angabe 12 % war gerundet, man muss auch auf ganze Schüler runden.

2 **a)** Es gibt noch 6 % von 250 = 0,06 · 250 = **15 freie Plätze**, also nicht genügend Plätze.
 b) 5 % von 250 sind 0,05 · 250 ≈ 13 freie Plätze. Es wären jetzt noch 15 + 13 = **28 Plätze** zu buchen, das reicht aus.

3 Der Prozentwert ist 750 000 Spanier, der zugehörige Prozentsatz ist 25,8 % – 23,7 % = 2,1 %. Daher gibt es in etwa 750 000 : 0,021 ≈ **35,7 Mio. Einwohner** in Spanien.

4 Rechne ein konkretes Beispiel: Eine Jacke zum Preis von 100 € (Grundwert) kostet nach der Reduzierung um 25 % nur noch 75 €. Berechnet man die Preiserhöhung, so wird 75 € der Grundwert, 100 € ist der neue Prozentwert: $\frac{100\,€}{75\,€} = 1\frac{1}{3}$, das entspricht einer Preiserhöhung von einem Drittel, also ungefähr **33 %**.

5 Die Familie muss 1 350 € · 0,016 = 21,60 € mehr ausgeben, insgesamt werden die Ausgaben bei **1 371,6 €** liegen. Das kann man auch rechnen: 1 350 € + 1 350 € · 0,016 = 1 350 € · 1,016.

6 Beachte, das sich der Grundwert jedes Jahr ändert. Runde die Gewinne jeweils vor dem Weiterrechnen auf Tausender:
2004: 168 000 € · 1,15 = 193 200 ≈ **193 000 €** (oder berechne zuerst 15 % und addiere die Summen).
2005: 193 000 € · 0,9 ≈ **174 000 €** (oder berechne zuerst 10 % und ziehe das Ergebnis vom Vorjahresgewinn ab).
2006: 174 000 € · 1,05 ≈ **183 000 €**

7 **a)** Es gibt allgemein 6 mögliche Ergebnisse beim Würfeln, 2 davon zählen als Eins. Das macht nach sehr vielen Versuchen eine relative Häufigkeit von $\frac{2}{6} = \frac{1}{3}$.

 b) Bei der Lösung kommt es darauf an, ob die Würfel unterscheidbar sind, dann spielt es nämlich eine Rolle, in welcher Reihenfolge gewürfelt wurde.
 Würfel unterscheidbar: es gibt die Möglichkeiten 1-1, 1-J, J-1, … , 5-5, 5-J, J-5 und J-J, das sind 3 · 5 + 1 = **16**
 Würfel nicht unterscheidbar: es gibt die Möglichkeiten 1-1, 1-J, … , 5-5, 5-J und J-J, das sind **11**.

8 Lege ein Teil von links oben nach rechts unten, das mittlere Stück wird nur nach rechts geschoben.

Diagramme (S. 66–67)

1 **a)** 2,6 cm ist der Prozentwert, daher ist 2,6 cm · 0,13 = **20 cm** die Länge des gesamten Streifens.

b) Der Abschnitt ist 20 cm · 0,41 = **8,2 cm** lang.

c) Der Prozentsatz ist 5,7 cm : 20 cm = 0,285 = **28,5 %**.

2 Zeichne einen 7,3 cm langen Prozentstreifen, dann entspricht jeder Millimeter genau einem Cent.

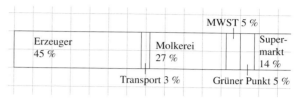

Die zugehörigen Prozentsätze sind:

Erzeuger $\frac{33}{73} \approx 45{,}2\,\%$;

Transport $\frac{2}{73} \approx 2{,}7\,\%$;

Molkerei $\frac{20}{73} \approx 27{,}4\,\%$; MwSt/grüner Punkt je $\frac{4}{73} \approx 5{,}5\,\%$; Supermarkt $\frac{10}{73} \approx 13{,}7\,\%$

3 Wähle z. B. die Treffer von Felix als Grundwert. Dann war Max 5 : 40 = 12,5 % schlechter und Benjamin 4 : 40 = 10 % schlechter. Wählt man 35 Treffer (also Max) als Grundwert, dann war Felix 5 : 35 ≈ 14 % besser und Benjamin 1 : 35 ≈ 2,9 % besser.
Im zweiten Diagramm ist die Säule von Max 3 Einheiten hoch, die von Felix 8 Einheiten und die von Benjamin 4 Einheiten. Das erweckt den Eindruck, als wäre Max $\frac{5}{8}$ = 62,5 % schlechter als Felix und Benjamin 50 % schlechter als Felix.

4 Der Bürgermeister lässt in seinem Diagramm einige Jahre aus, so dass der Eindruck entsteht, die Unfälle würden mehr und mehr zurückgehen.

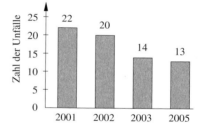

5 Die große Schachtel ist doppelt so lang und doppelt so breit wie die kleine, daher hat sie den vierfachen Flächeninhalt. Dadurch wirkt es, als ob die große Schachtel auch den vierfachen Inhalt hätte, obwohl nur doppelt so viel drin ist.
Vergleicht man die Preise, so ist der Werbetext „Jetzt günstig im Familienpack!" allerdings zutreffend, da zwei kleine Packungen 6,98 € kosten würden, die große Packung mit dem gleichen Inhalt kostet dagegen nur 6,49 €.

6 1 square mile = 1,609 3 km · 1,609 3 km = 2,589 846 49 km² ≈ **2 589 846 m²**

7 **a)** Es gibt 44 Wege, das Haus zu zeichnen, wenn man links unten beginnt.
Um diese zu finden, kann dir eine Art Baumdiagramm helfen.
Die erste Stufe zeigt die drei Möglichkeiten, mit denen du beginnen kannst. Jede weitere Stufe zeigt die Möglichkeiten, die bei der nächsten „Weggabelung" zur Wahl stehen usw.

b) Man kann auch rechts unten zu zeichnen beginnen, dann gibt es wieder 44 Möglichkeiten, da diese ja nur spiegelverkehrt zu den Lösungen aus a) sind.
Andere Punkte, an denen man beginnen kann, gibt es nicht, denn an allen Punkten treffen entweder 2 oder 4 Linien aufeinander, das sind „Durchgangspunkte", von denen man auch wieder wegkommt, wenn man hingefahren ist. Nur bei den beiden Punkten unten treffen drei Linien aufeinander, d. h. sie müssen entweder Start- oder Endpunkt sein.

Schlussrechnung (S. 68–69)

1 a) Die Größen Geschwindigkeit und Zeit sind indirekt proportional: Je schneller man fährt, umso eher ist man am Ziel.
Fährt Janinas Vater doppelt so schnell, so benötigt er halb so lang, also **eine Viertelstunde.**

Rechnung: Fährt man mit $50\,\frac{km}{h}$ 30 min lang, kommt man 25 km weit, fährt man 25 km mit $100\,\frac{km}{h}$, so benötigt man dafür $\frac{1}{4}$ h.

b) Die Größen Weg und Zeit sind bei gleicher Geschwindigkeit direkt proportional: Je länger man fährt, umso weiter kommt man. Janinas Vater benötigt **1 h** für Hin- und Rückweg.

2 Wähle jeweils das einfache Beispiel Grundwert (GW) = 100 €, Prozentwert (PW) = 10 €, Prozentsatz (PS) = 10 %.

a) $PS = \frac{PW}{GW}$: halbiert man den Nenner bei gleichem Zähler, **verdoppelt sich** der Wert des Bruches, also **der Prozentsatz**. Es besteht **indirekte Proportionalität.**
Beispiel: GW = 50 €, PW = 10 €, PS = 20 %.

b) PW = PS · GW: Halbiert man einen Faktor, so **halbiert sich** auch der Wert des Produkts, **der Prozentwert**. Es besteht **direkte Proportionalität.**
Beispiel: PS = 5 %, GW = 100 €, PW = 5 €

c) GW = PW : PS: Verdoppelt sich der Dividend, so **verdoppelt** sich auch der Wert des Quotienten, der **Grundwert**. Es besteht **direkte Proportionalität.**
Beispiel: PW = 20 €, PS = 10 %, GW = 200 €,

3 a) Schüttet man einen halben Liter Wasser hinzu, wird ein dritter Teil hinzugefügt, der Apfelsaftanteil ist daher $\frac{1}{2+1} = \frac{1}{3}$.

b) Schüttet man $1\,l = 2 \cdot \frac{1}{2}\,l$ hinzu, ist der Apfelsaftanteil $\frac{1}{2+2} = \frac{1}{4}$; schüttet man $1,5\,l = 3 \cdot \frac{1}{2}\,l$ zu, ist der Apfelsaftanteil $\frac{1}{2+3} = \frac{1}{5}$; bei $2\,l = 4 \cdot \frac{1}{2}\,l$ Wasser zusätzlich sind es $\frac{1}{2+4} = \frac{1}{6}$ und bei $5\,l$ Wasser zusätzlich sind es $\frac{1}{12}$.

4 Es sind noch 48 – 18 = 30 Kisten übrig. Nach bisherigem Tempo brauchen 2 Träger für 18 Kisten 0,5 h, dann schafft 1 Träger die 18 Kisten in 1 h. Für 3 Kisten braucht also 1 Träger 10 min und für 30 Kisten 100 min, daher benötigen 5 Träger für 30 Kisten 100 min : 5 = **20 Minuten.**

5 a)

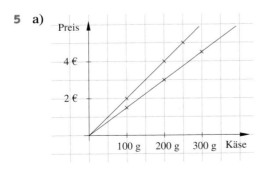

b) In beiden Fällen sind Preis und Menge direkt proportional. Da sich beide Größen jeweils in gleichem Verhältnis ändern, wird der Zusammenhang der Größen mit einer Gerade dargestellt, die durch den Nullpunkt verläuft.

6 Berechne den Preis pro Stück. Happy Baby: 6,99 € : 44 ≈ 0,16 €; Lucky Baby: 6,79 € : 40 ≈ 0,17 €; Funny Baby: 7,19 € : 48 ≈ 0,15 €. Samira sollte also die Marke Funny Baby kaufen.

7 3,79 Liter kosten 3,06 Dollar. Dann kostet 1 l etwa 3,06 $: 3,79 = 0,81 $, das sind 0,81 : 1,35 = 0,6 Euro.
Demnach kostet ein Liter **60 Cent**.

8 $14^2 = 196$, $16^2 = 256$, $17^2 = 289$, $19^2 = 361$, $22^2 = 484$

9 $1 + 2 + 3 + 4 + 5 = 15 = \frac{5}{2} \cdot 6$; $1 + 2 + \dots + 8 + 9 = 45 = \frac{9}{2} \cdot 10$;

$1 + 2 + \dots + 11 + 12 = 78 = \frac{12}{2} \cdot 13$

Allgemein gilt für eine natürliche Zahl n, dass $1 + \dots + n = \frac{n}{2} \cdot (n + 1)$

Teste dich! (S. 70–71)

Prozentrechnung: 100 … mit dem … multipliziert.

1 a) Der Prozentwert ist 123,60 €, der Grundwert dazu ist 123,60 € : 0,15 = **824 €**. Das kostet die Ferienwohnung insgesamt.

b) Der 24. Juli ist 14 Tage vor Reiseantritt, es müssen also 80 % bezahlt werden, das sind 824 € · 0,8 = 659,20 €. Davon wurden schon 123,60 € bezahlt, bleibt eine Nachzahlung von 659,20 € − 123,60 € = **535,60 €**.

2 a) Richtig, denn 849 € + 849 € · 5 % = 849 € · (1 + 0,05)

b) Falsch, denn erstens ist 60 : 12 = 500 %, außerdem wird der Prozentsatz mit dem Kehrbruch berechnet: $\frac{12}{60} = \frac{1}{5} = 20\,\%$.

c) Richtig, denn geht der Umsatz um 20 % zurück, so bleiben 80 % = 0,8 übrig.

d) Falsch, es muss richtig heißen: die Schuhe kosten nur noch 44,3 % des ursprünglichen Preises.

e) Falsch, denn die Gesamtzahl der Schüler berechnet man als 78 : 0,21 ≈ 371. (Die 21 % Prozent waren gerundet, daher erhält man hier keine „ganzen" Schüler.)

f) Richtig, denn der Quotient aus Prozentwert und Prozentsatz ergibt den Grundwert.

Diagramme: …Prozentstreifen (Streifendiagramme), Kreisdiagramme, Säulen- und Balkendiagramme

3 a) Die Gesamtzahl der Sitze beträgt 614.
CDU/CSU: 180° · 0,368 ≈ 66°
SPD: 180° · 0,361 ≈ 65°
FDP: 61 : 614 ≈ 9,9 %; 180° · 0,099 ≈ 18°
(Die Linke: 180° · 0,088 ≈ 16°)
Bündnis 90 / Die Grünen: 51 : 614 ≈ 8,3 % (180° · 0,083 ≈ 15°)
Traditionell werden die Parteien gemäß ihrer politischen Ausrichtung von rechts nach links angeordnet. Deswegen liegt die FDP zwischen SPD und CDU/CSU.

b) $\frac{2}{3} = 66,\overline{6}\,\%$. SPD und CDU/DSU haben zusammen 72,9 % der Sitze, sie erreichen also die Zweidrittelmehrheit.

Schlussrechnung: …drittelt.

4 **a)** 1 Kekspackung kostet 6,76 € : 4 = 1,69 €, dann kosten 13 Packungen 13 · 1,69 € = **21,97 €**.

   b) Hier liegt in der Regel keine direkte Proportionalität vor, da Äpfel selten nach Stück, sondern nach Gewicht verkauft werden. Man muss hier sagen: 1 Apfel kostet *etwa* 0,60 €, dann kosten 11 Äpfel *etwa* 6,60 €.

5 Es liegt **keine Proportionalität** vor, denn der Bremsweg verlängert sich unverhältnismäßig schnell bei Erhöhung der Geschwindigkeit.

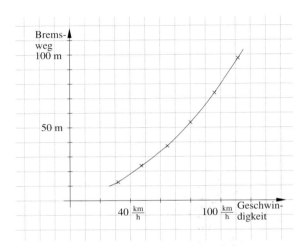

Lösungen Kapitel 9 –
Vertiefung und Verknüpfung

Auf der Bank (S. 72–72)

1. a) 3,25 € von 1 040 € sind $\frac{3,25}{1\,040} = 0,3125\,\%$. Um den Zinssatz pro Jahr zu erhalten,

muss man den Wert mit 4 multiplizieren und erhält $4 \cdot 0,3125\,\% = \mathbf{1,25\,\%.}$

b) Bei einem Zinssatz von 2,4 % p. a. werden monatlich 2,4 % : 12 = 0,2 % Zinsen gebucht. Nach dem ersten Monat erhält Frau Birk 10 000 € · 0,002 = 20 € Zinsen. Nach dem zweiten Monat stehen auf dem Festgeldkonto 10 020 € + 10 020 € · 0,002 = 10 040,04 €; für den dritten Monat erhält sie 10 040,04 € · 0,002 ≈ 20,08 €, so dass sie **10 060,12 Euro** abbuchen kann.

2 a) Da Griechenland Mitglied der Europäischen Währungsunion ist, wird dort auch mit Euro bezahlt. Frau Birk wird also für 6 Tage 6 · 50 € = **300 €** dabei haben. Für Israel und die Türkei will sie umgerechnet je 100 Euro mitnehmen. Das sind:
100 · (100 : 22,23) ≈ **450 Shekel** und 100 : 0,59 ≈ **170 Lire.**

b) Sie bekommt für die Shekel 1,5 · 14,71 € ≈ **22 Euro** zurück und für die Lire
80 · 0,52 € = **41,60 Euro.**
Durch den schlechteren Kurs hat sie 1,5 · (22,23 € – 14,71 €) + 80 · (0,59 € – 0,52 €)
= 1,5 · 7,52 € + 80 · 0,07 € = **16,88 Euro** verloren.

3 a) Ende September 2006 lag der Kurs bei etwa 40,50 Euro, ein Jahr später bei 43,50 Euro. Das entspricht einem Kursgewinn von 3 : 40,5 ≈ 0,074 = **7,4 %.** (Der Kursgewinn in Prozent ist unabhängig davon, wie viele Aktien erworben wurden).
Frau Birk bezahlte für die 60 Aktien 60 · 40,5 € = 2 430 € und erhielt 60 · 43,5 € = 2 610 €. Das entspricht einem Gewinn von 2 610 € – 2 430 € = **180 €.**
Zu diesem Ergebnis kommt man auch, wenn man rechnet: 40,5 € · 7,4 % · 60.

b) Um die Aktie besonders vorteilhaft darzustellen, könnte man die Abschnitte Mitte September bis Ende Oktober 2007 wählen oder Dezember 2007 bis Ende Februar 2008 oder noch besser Mitte März bis Anfang Juni 2008.
Einen schlechten Eindruck von der Aktie erhält man besonders, wenn man nur den Abschnitt Anfang Juni bis Ende August 2008 kennt.

4 Zeichne dir zunächst eine Skizze in der Draufsicht.
Behandle die runde Schatulle vom Platzbedarf her wie einen Quader mit quadratischer Grundfläche. Stellt man das Uhren-Case senkrecht zwischen die zwei Schatullen und legt die Münzen darauf, so reicht ein Schließfach mit **6 cm** Höhe.

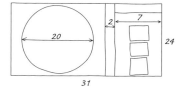

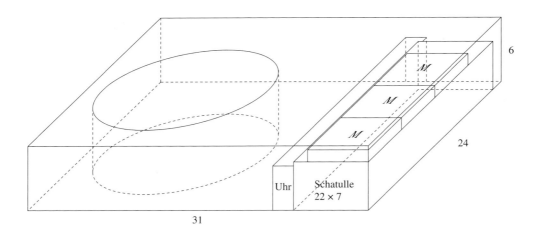

Hausbau (S. 74–75)

1 Um zeichnen zu können, musst du erst einige Größen berechnen:

Das Grundstück hat eine Fläche von $\dfrac{29\,\text{m} + 27,8\,\text{m}}{2} \cdot 21,5\,\text{m} = 28,4\,\text{m} \cdot 21,5\,\text{m} = 610,6\,\text{m}^2$.

20 % davon sind $610,6\,\text{m}^2 \cdot 0,2 = 122,12\,\text{m}^2$. Das Haus sollte nicht zu länglich werden, daher ist z. B. eine Grundfläche von maximal $10\,\text{m} \cdot 12\,\text{m} = 120\,\text{m}^2$ gut geeignet (oder auch $11\,\text{m} \cdot 11\,\text{m} = 121\,\text{m}^2$).

Nun muss noch der Maßstab der Zeichnung berechnet werden, dazu misst man die Seiten in der Skizze. $29\,\text{m} : 0,058\,\text{m} = 500$. Der Maßstab beträgt also $1:500$. Das Haus muss in der Skizze $3\,\text{m} \cdot 500 = 0,6\,\text{cm}$ von der Grenze Abstand haben.

$10\,\text{m} : 500 = 2\,\text{cm}$ und $12\,\text{m} : 500 = 2,4\,\text{cm}$ (oder $11\,\text{m} : 500 = 2,2\,\text{cm}$).

2 **a)** Die Grundstücksfläche beträgt $610,6\,\text{m}^2$ (aus 1), daher liegt der Kaufpreis bei $610,6 \cdot 245\,€ = \mathbf{149\,597\,€.}$

   b) Man kann die Nebenkosten in einem Term berechnen, dann das Distributivgesetz anwenden: $149\,597\,€ \cdot 0,015 + 149\,597\,€ \cdot 0,035 = 149\,597\,€ \cdot 0,05 = 7\,479,85\,€$. Insgesamt zahlt die Familie daher $149\,597\,€ + 7\,479,85\,€ = 157\,076,85\,€ \approx \mathbf{157\,100\,€}$ für das Grundstück plus Nebenkosten.
   Oder: Multipliziere den Grundstückspreis mit $1,05$.

3 Das Haus kann man unterteilen in einen Quader mit $2,75\,\text{m} + 5,05\,\text{m} = 7,8\,\text{m}$ Höhe und ein dreiseitiges Prisma (Dach).
Die Grundfläche des Prismas ist ein gleichschenkliges Dreieck, das man in der Mitte vertikal durchschneiden kann, um es zu einem Rechteck zusammen zu setzen. Dadurch entsteht ein Quader mit Höhe $1,85\,\text{m}$ und Breite $8\,\text{m} : 2 = 4\,\text{m}$.
Das Volumen des Hauses beträgt daher
$10,5\,\text{m} \cdot 8\,\text{m} \cdot 7,8\,\text{m} + 10,5\,\text{m} \cdot 4\,\text{m} \cdot 1,85\,\text{m} = 10,5\,\text{m} \cdot (62,4\,\text{m}^2 + 7,4\,\text{m}^2) = 732,9\,\text{m}^3$.
Die Familie muss mit Baukosten in Höhe von $732,9 \cdot 270\,€ = 197\,883\,€ \approx \mathbf{198\,000\,€}$ rechnen.

4 Würde der Architekt alle Bauphasen begleiten, erhielte er nach der ersten Schätzung $198\,000\,€ \cdot 0,11 = 21\,780\,€$. Da aber Herr Huber einen Teil der Arbeiten selbst übernehmen will, wird der Architekt davon nur $27\,\% + 39\,\% = 66\,\%$ erhalten, das sind $21\,780\,€ \cdot 0,66 = 14\,374,80 \approx \mathbf{14\,400\,€}$.

5. b) Die Familie muss 40 % der Gesamtkosten aus eigenen Mitteln zahlen, das sind 0,4 · 403 500 Euro = 161 400 Euro. Zwei Drittel dieser Summe sind angespart, das fehlende Drittel beträgt 161 400 € : 3 = 53 800 €, abzüglich dem Geschenk von der Oma bleiben 53 800 € – 25 000 € = 28 800 €. Also muss **etwa die Hälfte (29 000 €)** der in Aktien angelegten Gelder auch noch verwendet werden.

Grundstück + Nebenkosten	157 100 €
Baukosten	198 000 €
Architekt	14 400 €
Garage	9 000 €
Sonstiges (Außenanlage, Gebühren etc.)	15 000 €
Reserve für Unvorhergesehenes	10 000 €
Kosten gesamt	**403 500 €**

6 Oberfläche zur Luft: Vorder- und Rückseite des Hauses bestehen je aus einem Rechteck der Größe 8 m · 5,05 m = 40,4 m² plus einem Dreieck der Größe 0,5 · 8 m · 1,85 m = 7,4 m². Die Seitenwände des Hauses haben je den Flächeninhalt 10,5 m · 5,05 m = 53,025 m² und die zwei Dachflächen sind je 10,5 m · 4,4 m = 46,2 m² groß. Zusammen ergibt das eine Oberfläche von 2 · (40,4 m² + 7,4 m² + 53,025 m² + 46,2 m²) = **294,05 m²**.

Oberfläche zur Erde: Addiert man je zweimal die Fläche der Seitenwände und einmal den Kellerboden ergibt sich die Fläche 2 · [(8 m + 10,5 m) · 2,75 m] + 8 m · 10,5 m = 2 · 50,875 m² + 84 m² = **185,75 m²**.

7 $1\,000 = 999\frac{9}{9}$

Mehrwertsteuer (S. 76)

1 Für die Taschentücher wurde 19 % Mehrwertsteuer berechnet. 1,55 Euro ist der Prozentwert, der zugehörige Prozentsatz ist 119 %, da ja die 19 % Steuer zum Nettopreis (= Grundwert = 100 %) hinzugerechnet wurden.
1,55 € : 1,19 ≈ 1,30 € war der Nettopreis, 19 % davon sind 1,30 € · 0,19 ≈ **0,25 €**.
Probe: 1,30 € + 0,25 € = 1,55 €.
Auf den Joghurt, das Pfand und die Pflaumen wurden jeweils 7 % MwSt berechnet (ersichtlich auf dem Kassenzettel an den Zahlen neben dem Preis). Von 0,99 € + 0,15 € + 1,99 € = 3,13 € ist der Nettopreis 3,13 € : 1,07 ≈ 2,93 €, dazu wurden 2,93 € · 0,07 ≈ **0,21 €** Steuer gerechnet.

2 Der erste Anbieter verlangt pro Quadratmeter 21 € · 1,19 = 24,99 € und ist damit teurer als der andere Anbieter mit 24,50 € inklusive MWSt pro Quadratmeter.
Die Auffahrt hat 9 m · 5 m = 45 m², es entstehen daher Kosten in Höhe von 45 · 24,50 € = **1 102,50 €**.

3 Lautet die Rechnung z. B. auf 100 € + 19 % MWSt, so ist der Endpreis 119 €.
1. Weg: Zieht man 3 % von 100 € ab, liegt der Nettopreis bei 97 €, der Bruttopreis bei 97 € · 1,19 = 115,43 €.
2. Weg: Zieht man 3 % von 119 € ab, so lautet der Rechnungsbetrag 119 € · 0,97 = 115,43 €.
Bei beiden Rechenwegen erhält man also **das gleiche Ergebnis**. Das liegt am Kommutativ- und am Assoziativgesetz, denn: (100 € · 0,97) · 1,19 = (100 € · 1,19) · 0,97
Hinweis: Für die Elektro-Firma ist es allerdings schon wichtig, die 3 % vom Netto-Preis abzuziehen und von diesem geringeren Wert die Steuer zu berechnen, da sie dann auch weniger Steuer abführen muss. Probiere es aus!

4 Kostet z. B. ein Regal 100 Euro Netto, so hat es 2006 brutto 116 € gekostet, ab 2007 dann 119 €. Es ist also von 116 € (= Grundwert) um 3 € teurer geworden, das sind

$$\frac{3}{116} = 0{,}025\,86\ldots \approx 2{,}59\,\%.$$

Das Tote Meer (S. 77)

1 Die Tiefe des Sees beträgt heute 794 m – 418 m = 376 m. Davon 7,5 % sind 0,075 · 376 m = 28,2 m ≈ 28 m. Im Jahr 1970 war der See also 376 m + 28 m = 404 m tief, wodurch die Ufer auf einer Höhe von 794 m – 404 m = **390 m unter NN** lagen.

2 Die Länge und die Breite des Sees wurden jeweils an der längsten und breitesten Stelle gemessen. Der See ist natürlich nicht an allen Stellen gleich breit und lang, so dass man hier auch nicht die Formel für den Flächeninhalt von Rechtecken benutzen kann.

3 a) Rechne zunächst die Oberfläche in Quadratmeter um und die Zuflussmenge in Liter:
$1\,050\,\text{km}^2 = 1\,050 \cdot 10^6\,\text{m}^2 = 1{,}05 \cdot 10^9\,\text{m}^2$; $1{,}2\,\text{Mrd.}\,\text{m}^3 = 1{,}2 \cdot 10^9\,\text{m}^3 = 1{,}2 \cdot 10^{12}\,\text{l}$
Um den Wasserstand stabil zu halten, muss genauso viel Wasser verdunsten wie zufließt. Das sind pro Quadratmeter:
$1{,}2 \cdot 10^{12}\,\text{l} : 1{,}05 \cdot 10^9 = (1{,}2 : 1{,}05) \cdot 10^3\,\text{l} \approx 1{,}14 \cdot 10^3\,\text{l} = \mathbf{1\,140\ Liter}.$

b) $600\,\text{km}^2 = 6 \cdot 10^8\,\text{m}^2$. Daher müssten heute $1\,140\,\text{l} \cdot 6 \cdot 10^8 = 6\,840 \cdot 10^8\,\text{l} = 684 \cdot 10^6\,\text{m}^3 =$ **684 Mio. m³ Wasser** zufließen.

4 Bei diesem Spiel gibt es verschiedene Strategien und Lösungswege. Hier eine Möglichkeit:
1. Bild: Suche zuerst die Position aller Sechser. Grau unterlegt sind alle Reihen und Spalten, in denen schon Sechser stehen. Daher kann man der Reihe nach die verbleibenden Sechser eintragen.
In der 4. Reihe fehlt dann nur noch eine Ziffer, das muss die 4 sein. Dadurch ergeben sich im mittleren rechten Feld auch die Zahlen 3 und 5
2. Bild: So, wie man die Sechser gefunden hat, kann man nun auch alle verbleibenden Zweier eintragen. In der letzten Spalte fehlen dann nur noch 3 und 4. Im rechten unteren Feld steht aber schon die 3, also kommt rechts unten die 4 hin, rechts oben die 3. Nun kann man das rechte untere und das rechtere obere Feld ganz ausfüllen.
3. Bild: Der Rest ergibt sich jetzt fast von selbst!

2					6
		6			5
			3	5	6
6	3	5	4	2	1
4	6				3
	2		6		

2			1	6	3
		6	2	4	5
		2	3	5	6
6	3	5	4	2	1
4	6		5	3	2
	2		6	1	4

2	5	4	1	6	3
3	1	6	2	4	5
1	4	2	3	5	6
6	3	5	4	2	1
4	6	1	5	3	2
5	2	3	6	1	4

Brüche würfeln (S. 78)

1 Periodische Dezimalbrüche erhält man nur bei den Nennern 3 und 6 und auch dann nur, wenn sich der Bruch nicht kürzen lässt wie z. B.: bei $\frac{3}{6}$ oder $\frac{3}{3}$. Deshalb gibt es wesentlich mehr endliche Brüche als periodische Brüche. Deshalb wird ziemlich sicher **Franziska** gewinnen, besonders je länger die beiden spielen.

2 Insgesamt gibt es $6 \cdot 6 = 36$ verschiedene Brüche, die gewürfelt werden können. Alle Brüche, die im Zähler und Nenner nur die Ziffern 1, 2 oder 3 stehen haben, kann man mindestens einmal erweitern, so dass Zähler und Nenner immer noch ≤ 6 sind. Das sind die Brüche

$$\frac{1}{3} = \frac{2}{6}; \quad \frac{1}{2} = \frac{2}{4} = \frac{3}{6}; \quad \frac{2}{3} = \frac{4}{6}$$

$$\frac{1}{1} = \frac{2}{2} = \frac{3}{3} = \frac{4}{4} = \frac{5}{5} = \frac{6}{6}$$

$$\frac{3}{2} = \frac{6}{4}; \quad \frac{2}{1} = \frac{4}{2} = \frac{6}{3} \text{ und } \frac{3}{1} = \frac{6}{2}.$$

Das sind insgesamt 20 Brüche, die aber nur 7 verschiedene Werte darstellen, also nur 7 verschiedene Bildpunkte an der Zahlengeraden. Daher gibt es nur $36 - (20 - 7) = $ **23** verschiedene Bildpunkte.

3 **a)** Leonhard: $\frac{2}{1} - \frac{3}{6} + \frac{6}{3} - \frac{2}{1} + \frac{1}{6} - \frac{2}{2} + \frac{5}{3} - \frac{4}{2} + \frac{6}{2} - \frac{5}{6}$

$$= 2 - \frac{1}{2} + 2 - 2 + \frac{1}{6} - 1 + \frac{5}{3} - 2 + 3 - \frac{5}{6} = 2 + \frac{1}{6} + \frac{5}{3} - \left(\frac{1}{2} + \frac{5}{6}\right)$$

$$= 2 + \frac{1 + 10}{6} - \frac{3 + 5}{6} = \frac{12 + 11 - 8}{6} = \frac{15}{6} = \frac{5}{2} = \mathbf{2{,}5}$$

Anna: $\frac{2}{3} - \frac{4}{6} + \frac{5}{3} - \frac{5}{2} + \frac{6}{1} - \frac{6}{3} + \frac{3}{6} - \frac{1}{5} + \frac{5}{6} - \frac{6}{5}$

$$= \frac{2}{3} - \frac{2}{3} + \frac{5}{3} - \frac{5}{2} + 6 - 2 + \frac{1}{2} - \frac{1}{5} + \frac{5}{6} - \frac{6}{5} = 4 + \frac{5}{3} + \frac{1}{2} + \frac{5}{6} - \left(\frac{5}{2} + \frac{7}{5}\right)$$

$$= 4 + \frac{10 + 3 + 5}{6} - \frac{25 + 14}{10} = 4 + \frac{18}{6} - \frac{39}{10} = 7 - \frac{39}{10} = \frac{31}{10} = \mathbf{3{,}1}$$

Anna gewann.

b) Für einen hohen Wert muss man einen kleinen Bruch von einem großen abziehen.

Das beste Ergebnis ist daher $\frac{6}{1} - \frac{1}{6} = \frac{36 - 1}{6} = \frac{35}{6}$, das schlechteste Ergebnis ist $\frac{1}{6} - \frac{6}{1} = \frac{1 - 36}{6} = \frac{-35}{6}$.

c) Für jedes Ergebnis gibt es auch die Gegenzahl als Ergebnis (vgl. Aufgabe b). Daher gibt es nach sehr vielen Versuchen nach dem empirischen Gesetz der großen Zahlen **gleich viele** positive und negative Ergebnisse.

d) Wie du in Aufgabe 2 gesehen hast, gibt es einige wertgleiche Brüche. Würfelt man diese hintereinander, so erhält man das Ergebnis 0,

z. B. bei $\frac{1}{2} = \frac{2}{4} = \frac{3}{6}$ gibt es dafür $3 \cdot 3 = 9$ Möglichkeiten.

Insgesamt gibt es (siehe Aufgabe 2) viermal je 2 wertgleiche Brüche, zweimal je 3 wertgleiche Brüche und einmal 6 wertgleiche Brüche. Das sind $4 \cdot 2^2 + 2 \cdot 3^2 + 1 \cdot 6^2$ $= 16 + 18 + 36 = $ **70 Möglichkeiten** das Ergebnis Null zu würfeln.

Rechenschlange (S. 79)

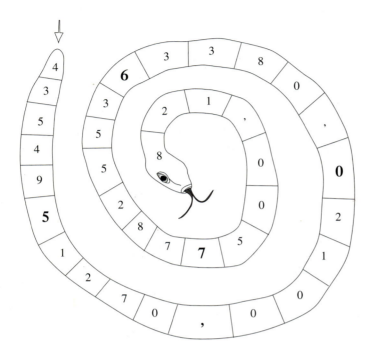

Erinnere dich:

Jeder Quotient natürlicher Zahlen lässt sich als Bruch schreiben.

4 Wie kannst du mithilfe des Distributivgesetzes die Addition und Subtraktion von gleichnamigen Brüchen erklären?

_____

_____

Addieren und Subtrahieren von Dezimalzahlen

Beim schriftlichen Addieren von Dezimalzahlen muss man darauf achten, dass

_____ genau untereinander stehen.

5 Erstelle anhand des Gliederungsbaums einen Term und berechne den Wert.

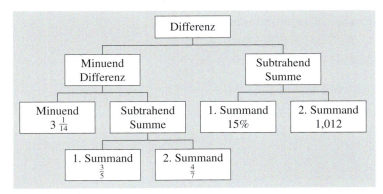

_____

_____

_____

_____

_____

_____

6 In einem Garten soll ein Schwimmbecken gebaut werden mit 3,5 Metern Breite und 12 Metern Länge. Der Garten ist bis auf den Terrassenbereich von einem 1,5 m breiten Streifen mit Büschen und Bäumen eingesäumt. Der Rest ist Wiese.

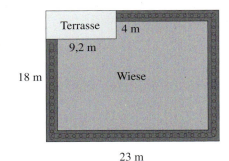

a) Wie groß ist die Fläche, die nach dem Bau des Schwimmbeckens für Wiese übrig bleibt?

_____

_____

_____

b) Berechne den Umfang des Schwimmbeckens.

_____

7 Streckenzug:
Zeichne die Figur in einem Zug nach ohne eine Strecke zweimal zu durchfahren.

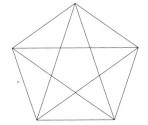

Multiplikation und Division mit nicht-negativen Zahlen

Multiplikation und Division von Brüchen

Zwei Brüche werden miteinander multipliziert, indem man das Produkt der Zähler in den Zähler und das Produkt der Nenner in den Nenner setzt, dann wenn möglich kürzt und zum Schluss ausmultipliziert (**Zähler mal Zähler, Nenner mal Nenner**).
Anteile von Größen oder Brüchen lassen sich jetzt leicht durch Multiplizieren berechnen.

Die Division ist auch bei rationalen Zahlen die Umkehrung der Multiplikation, so ist z. B. von $\frac{2}{3} \cdot \frac{3}{7} = \frac{2}{7}$ die Umkehrung $\frac{3}{7} = \frac{2}{7} : \frac{2}{3}$, andererseits ist auch $\frac{3}{7} = \frac{2}{7} \cdot \frac{3}{2}$. Daher dividiert man zwei Brüche, indem man beim Divisor Zähler und Nenner vertauscht und dann den Dividenden mit dem entstandenen **Kehrbruch** multipliziert.

Jede natürliche Zahl lässt sich in einen Bruch mit Nenner 1 umformen. Deshalb multipliziert man einen Bruch mit einer natürlichen Zahl, indem man den *Zähler* mit der Zahl multipliziert. Man dividiert durch eine natürliche Zahl, indem man den *Nenner* mit dieser multipliziert.

Treten in einem Term gemischte Zahlen auf, so wandle diese vor dem Multiplizieren oder Dividieren in Brüche um.

Beispiele:

$\frac{2}{3} \cdot \frac{6}{5} = \frac{2 \cdot 6}{3 \cdot 5} = \frac{2 \cdot 2}{1 \cdot 5} = \frac{4}{5}$

$\frac{1}{3}$ von $\frac{2}{5} = \frac{1}{3}$ mal $\frac{2}{5}$.

$\frac{2}{3} : \frac{5}{4} = \frac{2 \cdot 4}{3 \cdot 5} = \frac{8}{15}$

$\frac{3}{4} \cdot 5 = \frac{3}{4} \cdot \frac{5}{1} = \frac{3 \cdot 5}{4 \cdot 1}$

$\frac{3}{4} : 5 = \frac{3}{4} : \frac{5}{1} = \frac{3}{4} \cdot \frac{1}{5} = \frac{3}{4 \cdot 5}$

$2\frac{1}{12} \cdot \frac{21}{25} = \frac{25 \cdot 21}{12 \cdot 25} = \frac{7}{4} = 1\frac{3}{4}$

1 Kürze, erweitere, multipliziere und dividiere den Bruch $\frac{6}{9}$ jeweils mit der Zahl 3 und trage alle Ergebnisse in eine geeignete Zahlengerade ein.

2 Vervollständige die Multiplikationstabelle.
Die Faktoren der Produkte stehen in der ersten Spalte und in der ersten Zeile.

·	$\frac{5}{6}$	$\frac{3}{4}$		11
$\frac{2}{3}$			7	
				$\frac{77}{5}$

3 a) Womit muss man $\frac{2}{3}$ multiplizieren, um 2 zu erhalten? _____

b) Der 1. Faktor ist 12, der Wert des Produkts ist 20: _____

c) Wodurch muss man $\frac{221}{417}$ dividieren, um 1 zu erhalten? _____

d) Dividiere $2\frac{2}{5}$ durch die Summe aus $\frac{5}{6}$ und $\frac{1}{15}$: _____

4 Eine Fähre benötigt zum Überqueren eines Flusses eine Viertelstunde. Am Ufer macht sie jeweils 10 Minuten Halt zum Ein- und Aussteigen der Passagiere.

Wie oft hat die Fähre den Fluss nach $2\frac{1}{2}$ h überquert?

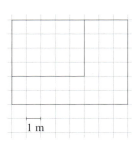

1 m

5 **a)** Welchen Bruchteil nimmt die Fläche des kleinen Rechtecks von der Fläche des großen Rechtecks ein?

_____

b) Welchen Bruchteil nehmen jeweils die Seiten des kleinen Rechtecks an den parallelen Seiten des großen Rechtecks ein?

_____

c) Welcher Zusammenhang besteht zwischen den Ergebnissen aus a) und b)?

_____

_____

6 Zum Bau einer Truhe stehen 2 m lange und 10 cm breite Bretter zur Verfügung.

Die Truhe soll 60 cm breit werden und genau $\frac{3}{8}$ der Länge eines Bretts haben.

Wie viele Bretter werden für den Deckel der Truhe benötigt, was bleibt übrig?

_____

_____

7 Brüche, bei denen im Zähler und/oder im Nenner wieder Brüche stehen, nennt man **Doppelbrüche**. Man berechnet sie, indem man den Hauptbruchstrich durch das Divisionszeichen ersetzt.

a) $\dfrac{\frac{9}{25}}{\frac{21}{5}} = \frac{9}{25} : \frac{21}{5} =$ _____

b) $\dfrac{4\frac{4}{6}}{\frac{22}{30}} =$ _____

c) $\dfrac{\frac{7}{117}}{\frac{7}{18}} =$ _____

8 **Bist du noch fit?**

a) Schreibe 800 730 000 mithilfe von Zehnerpotenzen. _____

b) Schreibe 9 040 000 070 unter Verwendung von Stellenwerten. _____

_____

c) Schreibe 20 000 050 001 003 in Worten. _____

_____

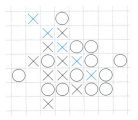

9 „Kreuz-Knödel":
Gespielt wird zu zweit auf kariertem Papier. Das ganze Blatt ist das Spielfeld, es gibt keine Begrenzungen. Der Startspieler markiert ein beliebiges Kästchen mit einem Kreuz, der Gegenspieler markiert ein anderes mit einem Kreis („Knödel").
Abwechselnd geht es weiter, bis ein Spieler 5 Felder in einer Reihe hat: waagrecht, senkrecht oder diagonal.

Multiplikation und Division von Dezimalzahlen

Zwei Dezimalzahlen multipliziert man zunächst ohne das Komma zu beachten. Dann setzt man das Komma so, dass das Ergebnis so viele Dezimalen erhält, wie beide Faktoren zusammen haben. Erst danach können eventuell auftretende Endnullen gestrichen werden.

Bei der Division von zwei Dezimalzahlen ändert sich der Wert des Quotienten nicht, wenn man die Kommas um gleich viele Stellen in dieselbe Richtung verschiebt (**gleichsinnige Kommaverschiebung**). Verschiebt man die Kommas so, dass der Divisor zu einer natürlichen Zahl wird, so kann man dividieren wie von Größen gewohnt: im Ergebnis wird das Komma gesetzt, wenn man es beim Dividenden überschreitet.
Falls nötig kann man beim Dividenden Endnullen ergänzen, um die Division fortzusetzen. Wenn sich ein unendlicher Dezimalbruch ergibt, so rundet man das Ergebnis.

Multipliziert man eine Dezimalzahl mit einer Stufenzahl, so verschiebt sich das Komma um so viele Stellen nach rechts, wie die Stufenzahl Nullen hat. Ebenso verhält es sich bei der Division durch eine Stufenzahl, jedoch wandert das Komma dann nach links.

Beispiele:

$0,13 \cdot 2,7 = 0,351$, denn $13 \cdot 27 = 351$ (3 Dezimalen)

$49,52 : 7,1 = 4,952 : 0,71$
oder:
$49,52 : 7,1 = 495,2 : 71 = 495,\mathbf{200}\dots : 71 = 6,974\dots$
$\approx 6,97$

$35,74 \cdot 10 = 357,4$
$35,74 : 10 = 3,574$

1 a) $7,52 \cdot 18,5 =$ _____

   b) $250 \cdot 11,87 =$ _____

   c) $0,2 \cdot 0,03 =$ _____

   d) $2,63 : 0,8 =$ _____

   e) $6,03 : 5,2 =$ _____

2 Wie verändert sich das Ergebnis, wenn man …

   a) beim Multiplizieren in nur einem Faktor das Komma nach rechts verschiebt?

   _____

   b) beim Dividieren das Komma im Dividenden nach links verschiebt?

   _____

   c) beim Dividieren das Komma im Divisor nach rechts verschiebt?

   _____

3 Stefan will Grießbrei kochen. Auf der Packung steht: „130 g Grieß in 1 Liter kochende Milch einrühren". Stefan hat aber nur noch 0,75 Liter Milch zu Hause.

   a) Wie viel Grieß benötigt er?

   _____

   _____

   b) Er isst etwa nur ein Drittel des Breis. Wie viel Milch und wie viel Grieß hat er dann gegessen?

   _____

   _____

4 Bei der Multiplikation von Dezimalzahlen ändert sich der Wert des Produktes nicht, wenn die Kommas um gleich viele Stellen in entgegengesetzte Richtungen verschoben werden (**gegensinnige Kommaverschiebung**).

  a) Überprüfe die Aussage anhand von zwei Beispielen:

  _____

  b) Erkläre, warum das so ist.

  _____

  _____

5 Kommaverschiebungen sind sowohl bei der Multiplikation (vgl. Aufgabe 4) als auch bei der Division von Dezimalzahlen bei der Überschlagsrechnung hilfreich: Verschiebe die Kommas so, dass ein Faktor bzw. der Divisor genau eine Stelle vor dem Komma hat. Überschlage zuerst und berechne dann exakt:

  a) $260{,}3 \cdot 0{,}19 = 26{,}03 \cdot 1{,}9 \approx 26 \cdot 2 =$ _____

  _____

  b) $32{,}8 \cdot 0{,}051 =$ _____

  _____

  c) $138{,}96 : 19{,}3 =$ _____

  _____

  d) $0{,}361 : 0{,}039 =$ _____

  _____

6 Eine 250-g-Packung Cornflakes kostet 1,99 €, eine 400-g-Packung hingegen 3,29 €. Welche Packungsgröße ist im Verhältnis günstiger?

  _____

  _____

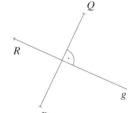

7 **Bist du noch fit?**
  Die Gerade g schneidet die Strecke $[PQ]$ genau in der Mitte.

  a) Welche Eigenschaft haben P und Q bezüglich g?

  _____

  b) Was haben die Strecken $[RQ]$ und $[RP]$ gemeinsam?

  _____

  c) Zeichne den Bildpunkt von R bezüglich der Geraden PQ ein.

8 **Berechne im Kopf:**
  $\frac{1}{2} \cdot \frac{2}{3} \cdot \frac{3}{4} \cdot \ldots \cdot \frac{98}{99} \cdot \frac{99}{100} =$ _____

Periodische Dezimalzahlen

Wird ein Bruch durch Division in eine Dezimalzahl umgewandelt, so gibt es zwei Möglichkeiten:

– Im Verlauf der schriftlichen Rechnung ergibt sich der Rest Null und die Division bricht ab.

 Das Ergebnis ist eine **endliche Dezimalzahl** (abbrechende Dezimalzahl), z. B. $\frac{1}{40}$ = 0,025.

 Dazu darf der Nenner des vollständig gekürzten Bruchs nur die Teiler 2 und 5 haben.

– Während der Rechnung wird der Rest nie Null, stattdessen wiederholt sich irgendwann ein bereits aufgetretener Rest. Ab dann wiederholen sich die Rechenschritte und damit wiederholen sich auch im Ergebnis immer wieder dieselben Ziffern. Diese Ziffernfolge nennt man **Periode**, sie wird mit einem Querstrich über den Ziffern gekennzeichnet, z. B.

 $\frac{5}{22}$ = 0,2272727 ... = 0,2$\overline{27}$ (sprich: Null Komma 2 Periode 27).

 Diese unendlichen Dezimalzahlen nennt man daher auch **periodische Dezimalzahlen**.

Beginnt die Periode einer Dezimalzahl direkt hinter dem Komma, so kann man diese leicht in einen Bruch umwandeln, indem man die Periode in den Zähler setzt und in den Nenner so

viele Neunen schreibt, wie die Periode Stellen hat, z. B. 0,$\overline{27}$ = $\frac{27}{99}$ = $\frac{3}{11}$.

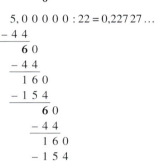

1 a) Gib $\frac{1}{12}$ als Dezimalzahl an: _____

  b) Gib, ohne eine Division auszuführen, $\frac{10}{12}$ als Dezimalzahl an: _____

2 Betrachte die Zahlen 0,$\overline{262}$; 0,2$\overline{62}$; 0,$\overline{266}$; 0,2$\overline{66}$; 0,2$\overline{26}$

  a) Welche Dezimalzahlen wurden falsch dargestellt? Korrigiere.

  _____

  _____

  b) Trage die Zahlen in den Abschnitt der Zahlengerade ein:

3 a) Wandle $\frac{1}{11}$, $\frac{2}{11}$ und $\frac{3}{11}$ in Dezimalzahlen um:

  _____

  b) Was fällt dir an den Perioden dieser drei Zahlen auf?

  _____

  c) Bis wohin setzt sich diese Reihe fort?

  _____

  _____

4 Forme $\frac{1}{17}$ in eine Dezimalzahl um. Berechne dabei zunächst vier Dezimalen und

überlege, wie die Periode aussehen könnte. Berechne dann drei weitere Dezimalen und überlege wieder, wie die Periode aussehen könnte.
Wenn du ganz eifrig bist, berechne insgesamt 16 Dezimalen. Ansonsten vergleiche gleich deine Ergebnisse mit der Lösung.

_____

_____

_____

Beispiel:

$0{,}2\overline{27} =$

$0{,}2 + 0{,}0\overline{27} =$

$0{,}2 + \frac{1}{10} \cdot 0{,}\overline{27} =$

$\frac{2}{10} + \frac{1}{10} \cdot \frac{27}{99} =$

$\frac{2}{10} + \frac{1}{10} \cdot \frac{3}{11} =$

$\frac{2 \cdot 11 + 3}{10 \cdot 11} = \frac{25}{10 \cdot 11} = \frac{5}{22}$

5 Bei **rein periodischen Dezimalzahlen** beginnt die Periode direkt hinter dem Komma. Man kann sie leicht mit „Neuner-Zahlen" im Nenner in einen Bruch umwandeln. Aber auch **gemischt periodische Dezimalzahlen**, bei denen zwischen Komma und Periode noch mindestens eine Ziffer steht, kann man in Brüche umwandeln. Dazu formt man die Dezimalzahl in einen Term um, der nur noch endliche oder rein periodische Dezimalzahlen enthält.
Wandle gemäß dem Beispiel in Brüche um:

a) $0{,}4\overline{6} =$ _____

b) $1{,}1\overline{36} =$ _____

c) $0{,}08\overline{3} =$ _____

Tipp:

$33 \cdot 3 = 99$

6 Von einer Klasse mit 33 Schülern kommen täglich 24 mit öffentlichen Verkehrsmitteln zur Schule, ein Sechstel davon sind weniger als 15 Minuten unterwegs. Insgesamt zwei Drittel aller Schüler sind länger als 15 Minuten unterwegs.
Trage in die Vierfeldertafel alle Werte in Prozent (auf eine Stelle hinter dem Komma gerundet) ein.

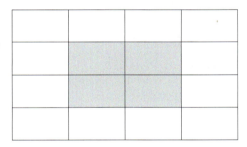

_____

_____

7 **Bist du noch fit?**
Je zwei Terme sind gleich. Ordne sie einander zu, ohne die Werte der Terme zu berechnen.

a) $11 \cdot (8 + 4)$ **b)** $4 \cdot 8 - 11 \cdot 4$ **c)** $8 \cdot (4 - 11)$ **d)** $(4 + 11) \cdot 8$

e) $4 \cdot 8 - 11 \cdot 8$ **f)** $(8 - 11) \cdot 4$ **g)** $8 \cdot 4 + 11 \cdot 8$ **h)** $4 \cdot 11 + 11 \cdot 8$

_____

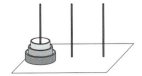

8 **Turm von Hanoi**
Auf der linken Stange stecken drei unterschiedlich große Scheiben. Die Scheiben sollen alle auf die mittlere Stange umgesteckt werden, dabei darf nie eine größere Scheibe auf einer kleineren liegen (und natürlich darf keine Scheibe daneben abgelegt werden).

Vorteilhaftes Rechnen

Beim Rechnen mit rationalen Zahlen sollten Brüche und Dezimalzahlen auf die gleiche Form gebracht werden. Dabei hilft folgende Vorgehensweise:

- Treten in einem Term periodische Dezimalzahlen auf, so wird mit Brüchen gerechnet.
- Enthält ein Term keine unendlichen Dezimalzahlen, so ist in der Regel beim Addieren und Subtrahieren das Rechnen mit Dezimalzahlen einfacher, beim Multiplizieren und Dividieren hingegen das Rechnen mit Brüchen.

Auch Terme mit rationalen Zahlen lassen sich vorteilhaft berechnen, wenn man das **Distributivgesetz** anwendet. Bei Addition und Multiplikation helfen **Kommutativgesetz** und **Assoziativgesetz**. Außerdem gilt die bekannte Rechenreihenfolge: Wenn möglich Rechenvorteile nutzen, dann Klammern vor Potenzen vor Punkt vor Strich.

Merke:

Kürze nie aus Differenzen und Summen!

$\frac{5+3}{10} \neq \frac{1+3}{2}$, aber

$\frac{(7-3)\cdot 5}{10} = \frac{(7-3)}{2}$

1 Andreas, Alexander und Anna teilen sich eine Pizza. Zuerst isst jeder ein Viertel, vom Rest isst jeder ein Drittel. Wie viel hat jeder gegessen und wie viel ist übrig?

_____

_____

2 Berechne einmal mit, einmal ohne Klammer:

Tipp:

Rechne mit Brüchen.

a) $6 : (2 \cdot 3) =$ _____

b) $5 : 2 \cdot 3 : (3 \cdot 5 : 7) =$ _____

_____

3 Berechne, ohne die gemischten Zahlen umzuwandeln. Welches Rechengesetz verwendest du dabei?

a) $4 \cdot 22\frac{3}{7} =$ _____

b) $0,\overline{7} \cdot 7\frac{1}{7} =$ _____

c) $0,26 \cdot 1\frac{2}{39} =$ _____

4 Was gilt beim Rechnen mit positiven rationalen Zahlen? Begründe, ob die Aussage wahr oder falsch ist.

a) Haben zwei unendliche Dezimalzahlen dieselbe Periodenlänge, so lassen sie sich untereinander addieren oder subtrahieren.

_____

b) Bei der Division von Dezimalzahlen erhält das Ergebnis so viele Nachkommastellen wie der Dividend.

_____

c) Bei der Multiplikation von zwei Brüchen ist der Wert des Produkts immer kleiner als einer der beiden Faktoren.

_____

5 Berechne mit deinem Partner folgende Terme auf unterschiedlichem Weg: einer rechnet mit Dezimalzahlen, der andere mit Brüchen. Vergleicht eure Rechenwege.

a) $1,6 \cdot 3\frac{21}{28} - 2\frac{3}{5} : 0,5 =$ _____

b) $2,5 - 3 : \left(\frac{1}{6} - \frac{1}{15}\right) \cdot 0,25^2 =$ _____

6 Markiere farbig die Stellen, an denen falsch gerechnet wurde.

a) $5\frac{2}{8} - 1\frac{1}{3} \cdot 2\frac{1}{4} = 5\frac{1}{4} - 2\frac{1}{12} = 3\frac{3-1}{12} = 3\frac{1}{6}$

b) $2\frac{1}{3} + 3 \cdot \frac{(7-2)}{11} = \frac{2}{3} + 3 \cdot \frac{5}{11} = \frac{2}{3} + \frac{15}{33} = \frac{22+15}{33} = \frac{37}{33}$

c) $\frac{2 \cdot (11-7) + 0,5 \cdot 6}{28} = \frac{(11-7)+3}{14} = \frac{7}{14} = \frac{1}{2}$

7 Nico bekommt neue Möbel für sein 3 Meter breites und 6 Meter langes Zimmer. Um auszuprobieren, wie er sie aufstellen kann, fertigt er eine Skizze im Maßstab 1 : 30 an.

a) Wie groß ist das Zimmer in der Skizze? _____

b) Wie groß wird das Bett (1,40 m × 2 m) in der Skizze? _____

c) Welchen Maßstab müsste er wählen, um periodische Dezimalzahlen zu vermeiden?

8 In Amerika benutzt man zur Angabe von Temperaturen die Einheit **Grad Fahrenheit** (°F). Zum Umrechnen in Grad Celsius hilft die Formel $(\Delta - 32) \cdot \frac{5}{9} = \ldots$

Setze dabei in der Klammer für Δ die Maßzahl der amerikanischen Größe ein und du erhältst die Maßzahl in Grad Celsius.

a) Steven hat 102,7 °F Fieber. Wie viel ist das in Grad Celsius?

b) Bei wie viel Grad Fahrenheit gefriert Wasser?

c) Bei wie viel Grad Fahrenheit beginnt Wasser zu kochen? Kehre die Formel schrittweise um.

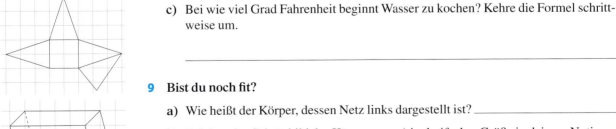
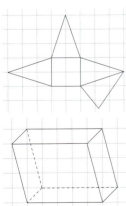

9 Bist du noch fit?

a) Wie heißt der Körper, dessen Netz links dargestellt ist? _____

b) Zeichne das Schrägbild des Körpers aus a) in dreifacher Größe in deinem Notizblock.

c) Zeichne das Netz des unteren Körpers, dessen Vorder- und Rückseite aus Parallelogrammen besteht.

Teste dich!

Multiplikation und Division von Brüchen

Brüche multipliziert man so: Zähler mal _____ ,

_____ .

Bei der Division von Brüchen wird der Dividend mit dem _____

des Divisors _____ .

1 Stelle am Kreis das Produkt $\frac{5}{6} \cdot \frac{3}{4}$ und am Rechteck den Quotienten $\frac{2}{3} : \frac{1}{12}$ grafisch dar, berechne die Werte und vergleiche die Ergebnisse.

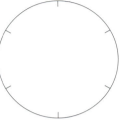

_____

_____

2 **a)** $\left(\frac{7}{6}\right)^2 =$ _____

b) $\left(\frac{2}{3}\right)^3 =$ _____

c) $\left(\frac{1}{4} + \frac{5}{6}\right)^2 =$ _____

3 Leonie leiht sich von einer Freundin das Einrad aus, muss es aber nach zweieinhalb Stunden schon wieder zurückbringen. Wie lange ist sie gefahren, wenn ihre Schwester ein Viertel der Zeit das Rad ausprobierte und ihr Bruder halb so lange fuhr wie sie selbst? Gib das Ergebnis als Bruchteil einer Stunde und in Minuten an.

_____

_____

_____

Multiplikation und Division von Dezimalzahlen

Bei der Multiplikation von Dezimalzahlen erhält das Ergebnis so viele Dezimalen, wie

_____ .

Der Wert eines Quotienten aus Dezimalzahlen ändert sich nicht, wenn man die Kommas

um _____ Stellen in _____ Richtung verschiebt.

4 **a)** $7{,}5 \cdot 0{,}3 \cdot 5{,}1 =$ _____

b) $0{,}04 \cdot 0{,}25 \cdot 0{,}1 \cdot 2{,}5 =$ _____

c) $0{,}1 \cdot 0{,}02 \cdot 0{,}3 \cdot 0{,}04 \cdot 0{,}5 =$ _____

_____

d) Formuliere eine Regel, wie man mehr als zwei Dezimalzahlen miteinander multipliziert.

_____

5 Ersetze bei einer selbst gewählten Division von Dezimalzahlen das Divisionszeichen durch einen Bruchstrich und erweitere mit einer Stufenzahl. Was stellst du fest?

_____

6 In Amerika werden die Längeneinheiten **inch** und **foot/feet** benutzt:
1 inch (in) = 25,4 mm; 12 inches = 1 foot (ft) = 30,48 cm.
Die Körpergröße wird in gemischten Einheiten angegeben, z. B. sind 175 cm ≈ 5 ft 9 in (sprich: five feet nine). Berechne deine Körpergröße und die deines Partners in feet und inches (gerundet auf ganze Zahlen). Vergleicht die Ergebnisse.

_____

_____

Periodische Dezimalzahlen

Eine periodische Dezimalzahl ergibt sich aus einem vollständig gekürzten Bruch, wenn

der Nenner _____ .

„Siebtel-Brüche"

$\frac{1}{7} = 0,\overline{142857}$

$\frac{2}{7} = 0,\overline{285714}$

$\frac{3}{7} = 0,\overline{428571}$

$\frac{4}{7} = 0,\overline{571428}$

$\frac{5}{7} = 0,\overline{714285}$

$\frac{6}{7} = 0,\overline{857142}$

7 **a)** Links siehst du die Dezimalzahlen, die aus Brüchen mit Nenner 7 entstanden sind. Welche Gemeinsamkeiten und welche Unterschiede stellst du fest?

_____

_____

b) In Dezimalzahlen, die als Bruch mit Nenner 14 geschrieben werden können, kommen dieselben Perioden vor wie bei den „Siebtel-Brüchen", z.B. ist

$0,2\overline{142857} = 0,2 + 0,0\overline{142857} = \frac{1}{5} + \frac{1}{10} \cdot \frac{1}{7} = \frac{2 \cdot 7 + 1}{10 \cdot 7} = \frac{15}{10 \cdot 7} = \frac{3}{2 \cdot 7} = \frac{3}{14}$.

Welche Brüche mit Nenner 14 stecken hinter den Zahlen $0,0\overline{714285}$ und $0,3\overline{571428}$?

_____

_____

Vorteilhaftes Rechnen

Sofern ein Term keine periodischen Dezimalzahlen enthält, rechnet man bei

_____ mit Dezimalzahlen, sonst mit Brüchen.

8 Die Größe **Geschwindigkeit** wird häufig mit der Einheit Kilometer pro Stunde $\left(\frac{km}{h}\right)$ gemessen. Sie gibt an, wie viel Kilometer man in einer Stunde zurücklegt.

a) Sabine wird von ihrer Mutter zu einer Freundin gefahren. Sie fahren durchschnittlich $50 \frac{km}{h}$ und sind 20 Minuten unterwegs. Wie lang war die Strecke?

_____

b) Für den Rückweg brauchen sie wegen des Berufsverkehrs das Eineinhalbfache der Zeit. Wie schnell sind sie durchschnittlich gefahren?

_____

Flächen- und Rauminhalte

Flächeninhalt des Parallelogramms

Ein **Parallelogramm** ist ein Viereck, bei dem jeweils die gegenüberliegenden Seiten parallel und gleich lang sind. Wird eine Seite des Parallelogramms als **Grundlinie g** bezeichnet, so nennt man den Abstand zur Parallelseite die **Höhe h** des Parallelogramms.
Durch Abtrennen eines Dreiecks auf einer Seite und Wiederanfügen an der anderen Seite entsteht aus dem Parallelogramm ein Rechteck mit den Seiten g und h. Daher berechnet sich der **Flächeninhalt des Parallelogramms** mit $A_P = g \cdot h$.

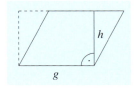

Beachte: Die Begriffe *Höhe* und *Abstand* dienen sowohl zur Längenangabe als auch zur Bezeichnung von Strecken.

Beim Messen von Längen in einer Skizze oder auch in der Wirklichkeit erhält man stets nur **Näherungswerte**. Wähle daher beim Messen von Längen eine angemessene Einheit und runde Ergebnisse, die aus gemessenen Werten berechnet wurden, sinnvoll.

1 $A_P = g \cdot h = 5\,\text{cm} \cdot 2,1\,\text{cm} = 10,5\,\text{cm}^2$. Warum stimmt die Probe $A_P = g \cdot h = 3\,\text{cm} \cdot 2,8\,\text{cm} = 8,4\,\text{cm}^2$ nicht?

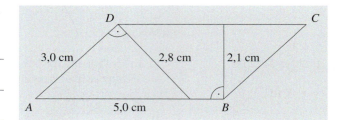

_____

_____

_____

2 Zeichne auf deinem Notizblock ein Rechteck mit den Seitenlängen $a = 3\,\text{cm}$, $b = 2\,\text{cm}$. Zeichne dazu zwei Parallelogramme (keine Rechtecke!), die auch die Seitenlängen a und b haben. Eines davon soll einen kleineren Flächeninhalt haben als das Rechteck, das andere einen größeren. Was fällt dir auf?

_____

_____

3 Zeichne auf deinem Notizblock ein Parallelogramm mit $\overline{AB} = 5\,\text{cm}$, $\overline{AD} = 4\,\text{cm}$ und $\sphericalangle BAD = 45°$. Wie groß ist der Flächeninhalt?

_____

4 Ein Parallelogramm hat eine Seitenlänge $a = 4,5\,\text{cm}$, die zugehörige Höhe misst 23 mm. Berechne die Höhe, die zur Seite $b = 1,8\,\text{cm}$ gehört.

_____

5 Ein gerader, 1,6 m breiter Weg soll wie skizziert gepflastert werden.

a) Welche Fläche wird von einer Reihe Platten bedeckt?

_____

b) Wie viele Platten müssen bestellt werden, wenn der gesamte Weg etwa eine Fläche von 13 m² einnimmt und in einer Reihe 8 Platten liegen?

_____

_____

6 Ein Parallelogramm soll gemessen, in 18 gleich große Teilstücke zerlegt und die Fläche eines Teilstücks berechnet werden. Beurteile folgende Lösungen:

a) $A_P = g \cdot h = 7\,cm \cdot 6\,cm = 42\,cm^2$; $42\,cm^2 : 18 = 2{,}333\,33 \ldots cm^2 \approx 2{,}333\,cm^2$

b) $A_P = g \cdot h = 7{,}3\,cm \cdot 6{,}2\,cm = 45{,}26\,cm^2$; $45{,}26\,cm^2 : 18 = 2{,}514\,4 \ldots cm^2 \approx 2{,}5\,cm^2$

c) $A_P = 7{,}33\,cm \cdot 6{,}22\,cm = 45{,}592\,6\,cm^2 \approx 46\,cm^2$; $46\,cm^2 : 18 = 2{,}5\,cm^2 \approx 2{,}56\,cm^2$

_____

_____

_____

7 Die Seitenlänge eines Quadrats wird mit 5,0 cm abgemessen, also liegt der tatsächliche Wert zwischen 4,95 cm und 5,05 cm. Dies entspricht einer Abweichung nach unten und oben von je 1 % vom gemessenen Wert, denn

$5\,cm - 4{,}95\,cm = 0{,}05\,cm$; $0{,}05\,cm : 5\,cm = 0{,}01$.

Wie hoch ist die Abweichung in Prozent, wenn man den Flächeninhalt berechnet?

_____

8 Eine **Raute** ist ein Parallelogramm mit vier gleich langen Seiten. Die Diagonalen einer Raute stehen senkrecht aufeinander und halbieren sich gegenseitig.

a) Zeichne eine Raute mit den Diagonalen $e = 3\,cm$ und $f = 2\,cm$.

b) Bei Rauten gilt auch die Flächenformel $A_R = \frac{1}{2} \cdot e \cdot f$. Zeige dies durch Zerlegen und geschicktes Zusammensetzen.

c) Miss die Seiten g und h und vergleiche $g \cdot h$ mit $\frac{1}{2} \cdot e \cdot f$.

_____

9 Bist du noch fit?
Setze jeweils den Umrechnungsfaktor ein:

a) von € in Cent _____   b) von m in cm _____   c) von t in kg _____

d) von h in s _____   e) von dm² in cm² _____   f) von ha in m² _____

10 Finde die Dezimalzahl: ___ ___ ___ ___ ___ ___ ___ ___ ___ ___

A) Alle Ziffern kommen in der Zahl genau einmal vor.
B) Vor dem Komma stehen genauso viele Stellen wie dahinter.
C) Alle Ziffern vor dem Komma sind höher als die dahinter.
D) Die Zahl liegt zwischen 66 000 und 59 900.
E) Zehnerziffer : Einerziffer = 1,125
F) Betrachtet man nur die letzten vier Stellen ergibt sich $\frac{189}{6\,250}$.

Flächeninhalt von Dreieck und Trapez

In einem **Dreieck** ist die **Höhe** *h* die senkrechte Verbindung einer Seite (Grundlinie *g*) mit der gegenüberliegenden Ecke.
Jedes Dreieck kann zu einem Parallelogramm verdoppelt werden, das mit dem Dreieck eine Grundlinie und die dazugehörige Höhe gemeinsam hat. Daher berechnet man den
Flächeninhalt des Dreiecks mit $A_D = \frac{1}{2} \cdot g \cdot h$.

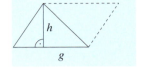

Ein **Trapez** ist ein Viereck, bei dem ein Paar gegenüberliegender Seiten (*a* und *c*) zueinander parallel sind, der Abstand dieser Seiten heißt **Höhe** *h*.
Auch ein Trapez lässt sich zu einem Parallelogramm verdoppeln. Dieses hat dann die Grundlinie *a* + *c* und stimmt in der Höhe mit dem Trapez überein. Daher berechnet man den
Flächeninhalt des Trapezes mit $A_T = \frac{1}{2} \cdot (a + c) \cdot h$.

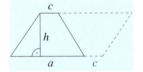

1   Zeichne in die Dreiecke jeweils alle Höhen farbig ein und beschrifte sie.

Tipp:

Im Dreieck liegt die Seite *a* gegenüber der Ecke *A*, die Höhe h_a ist der Abstand von *A* zu *a*.

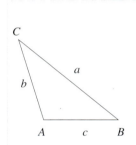
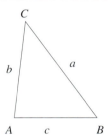
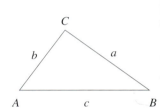

2   Wahr oder falsch? Begründe.

a) Jedes Quadrat ist eine Raute. _____

b) Jedes Trapez ist ein Parallelogramm. _____

c) Jedes Rechteck ist ein Trapez. _____

d) Jedes Parallelogramm ist eine Raute. _____

3   a) Zeichne auf deinem Notizblock ein Quadrat mit Seitenlänge *a* = 2 cm und berechne den Flächeninhalt.

_____

b) Zeichne die Diagonale *e* ein und dazu ein neues, größeres Quadrat mit Seite *e*. Berechne dessen Flächeninhalt, ohne die Seite *e* abzumessen.

_____

4   a) Zwischen zwei Häusern liegt ein schmaler Grünstreifen, über den schräg ein Weg verläuft. Welchen prozentualen Anteil hat der Weg an der gesamten Fläche?

_____

b) Welchen Flächeninhalt nimmt die Wiese ein?

_____

5 Zeichne in deinem Notizblock ein beliebiges Dreieck mit $\overline{AB}$ = 3 cm und der zugehörigen Höhe h = 3 cm. Trage auf der Strecke [AB] die Punkte D und E ein, so dass $\overline{AD} = \overline{EB}$ = 1 cm. Berechne den Flächeninhalt der Dreiecke ADC, DEC und EBC.

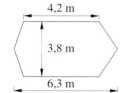

6 **a)** Das Sonnensegel links ist sechseckig und symmetrisch. Welche Fläche wird von dem Sonnensegel bedeckt?

b) Warum kann man allein von der Größe des Sonnensegels noch nicht auf die Schattenfläche schließen?

Tipp:

Rechne mit den Größen in Wirklichkeit. Flächeninhalte kann man nicht mit dem Maßstab umrechnen.

7 **a)** Das Bild zeigt im Maßstab 1 : 300 eine Kinoleinwand, der Vorhang ist leicht geöffnet. Welche Fläche wird vom Vorhang verdeckt? Dabei wird vernachlässigt, dass der Vorhang nicht in gerader Linie fällt.

b) Susanne berechnet den Flächeninhalt des Vorhangs mit 78,66 m². Warum kann dieser Wert von deinem Ergebnis abweichen und ihr habt trotzdem beide richtig gerechnet?

8 **Bist du noch fit?**

a) Welches ist die kleinste ganze dreistellige Zahl? _____

b) Wie viele ganze Zahlen liegen zwischen – 4 367 und – 2 495? _____

c) Wie viele ganze Zahlen liegen zwischen – 168 und 203? _____

9 **Figuren legen:**
Setzt euch in Gruppen mit 3 bis 4 Spielern zusammen. Jeder legt sich 6 Buntstifte zurecht. Reihum darf immer einer der Spieler eine Figur ansagen, die die anderen so schnell wie möglich mit den Stiften legen müssen. Die Stifte dürfen an den Ecken überstehen, damit alle Streckenlängen möglich sind.
Beispiele: Quadrat, Rechteck, Trapez, Dreieck (mit einer Höhe, rechtwinklig, gleichseitig oder gleichschenklig), Raute, Parallelogramm, Drachenviereck, …

Prisma und Schrägbild

Ein Körper wird **Prisma** genannt, wenn er aus einer **Grundfläche** und einer **Deckfläche** besteht, die deckungsgleiche, zueinander parallele Vielecke sind. Alle **Seitenflächen** sind Rechtecke. Die **Höhe** *h* des Prismas entspricht der Länge der Kanten, die Grund- und Deckfläche senkrecht miteinander verbinden.

Prismen und andere Körper kann man zur besseren räumlichen Vorstellung mithilfe von **Schrägbildern** darstellen:
– Eine Fläche wird in tatsächlicher Größe und Form gezeichnet (bei Prismen meist die Grundfläche).
– Dazu senkrechte Kanten werden im 45°-Winkel und verkürzt gezeichnet. Auf Karopapier entspricht dabei 1 cm wahre Länge einer Kästchendiagonale.
– Nicht sichtbare Kanten werden gestrichelt gezeichnet.

Beachte: Zueinander parallele Kanten müssen auch im Schrägbild immer parallel sein. Zueinander senkrechte Kanten, sind im Schrägbild nicht immer rechtwinklig.

Beispiel:

Zeichnen eines Prismas mit dreieckiger Grundfläche

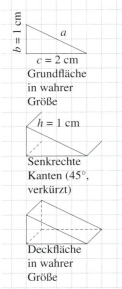

1   Welche Körper sind Prismen?

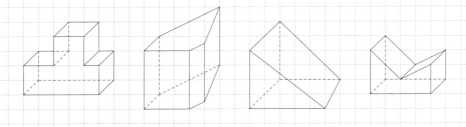

_____

2   Suche unter den folgenden Körpern die Prismen heraus und gib bei diesen die Grundfläche an: Kegel, Quader, Pyramide, Zylinder, Kugel, Würfel

_____

_____

3   **a)**   Wie viele Kanten hat ein Prisma mit sechseckiger Grundfläche?

_____

   b)   Wie viele Begrenzungsflächen hat ein Prisma mit fünfeckiger Deckfläche?

_____

4   Zeichne in ein Koordinatensystem ein Prisma mit Höhe 2 cm, die Punkte $A(-0,5|-2)$, $B(1,5|-2)$, $C(2|-0,5)$, $D(1,5|1)$, $E(-0,5|1)$ und $F(-1|-0,5)$ bilden die Grundfläche.
Gib die Koordinaten der fehlenden Eckpunkte an:

_____

5   Zeichne auf deinem Notizblock ein (nicht zu kompliziertes) Vieleck, das die Grundfläche eines Prismas bildet. Dein Partner soll es zu einem Schrägbild ergänzen.

6 **a)** Ein Holzwerkstück in Form eines Prismas hat die Grundfläche *ABCD* und die Höhe *h* = 2 cm. Vervollständige das Prisma im Schrägbild und bezeichne die Ecken der Deckfläche mit *E, F, G* und *H*.

   b) Eine Säge wird an der Strecke [*BD*] angesetzt, um das Prisma senkrecht zur Grundfläche, entlang der Kanten [*DH*] und [*BF*] zu zersägen. Zeichne die beiden neu entstandenen Prismen.

7 Bei einem Prisma mit Höhe 2 cm haben die Kanten der Grundfläche die Längen 1 cm, 3,25 cm, 0,5 cm, 2,3 cm und 1,8 cm. Gib die Kantenlängen der rechteckigen Seitenflächen an und berechne jeweils deren Flächeninhalt.

_____

_____

8 **a)** Zeichne das Prisma so, dass die Grundfläche von vorne in wahrer Größe zu sehen ist.

   b) Berechne den Flächeninhalt der Grundfläche.

_____

9 **Bist du noch fit?**

   a) Berechne den Oberflächeninhalt eines Quaders mit *l* = 2 cm, *b* = 3,5 cm, *h* = 1,25 cm.

_____

   b) Wie verändert sich die Höhe, wenn der Oberflächeninhalt um 2,75 cm² größer wird und alle anderen Längen unverändert bleiben?

_____

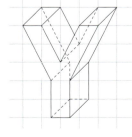

10 Kannst du deine Initialen oder sogar deinen ganzen Namen als Prismen im Schrägbild darstellen? Zeichne runde Buchstaben dabei eckig.

Oberflächeninhalt und Netze von Körpern

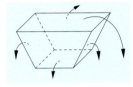

Den **Oberflächeninhalt** *O* eines Körpers erhält man, wenn man die Flächeninhalte aller Begrenzungsflächen addiert. Zur besseren Veranschaulichung kann man den Körper an geeigneten Kanten aufschneiden und in der Ebene zu einem **Netz** ausbreiten. Auf diese Weise sind alle Begrenzungsflächen in wahrer Größe sichtbar, so dass der Flächeninhalt des Netzes dem Oberflächeninhalt des Körpers entspricht.

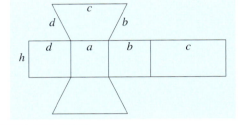

Bei Prismen haben die rechteckigen Seitenflächen immer eine Seite mit der Grundfläche gemeinsam, die andere Seite ist die Höhe des Prismas. Legt man alle Seitenflächen nebeneinander, so sieht man, dass deren gemeinsamer Flächeninhalt das Produkt aus Höhe und Umfang der Grundfläche ist.

Für den Oberflächeninhalt des Prismas ergibt sich daher

$$O_{Prisma} = 2 \cdot A_{Grundfläche} + u_{Grundfläche} \cdot h_{Prisma}$$

1 Ein Körper wurde versehentlich an allen Kanten aufgeschnitten. Setze die Teile zu einem sinnvollen Netz zusammen und zeichne den Körper im Schrägbild.

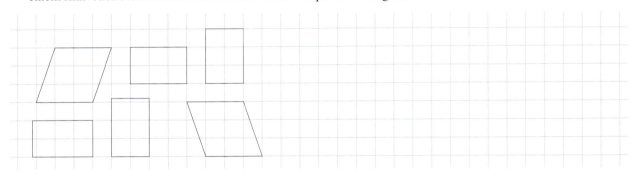

2 Eine Pralinenschachtel hat an der rechten und linken Seite je ein gleichschenkliges Trapez als Fläche, alle anderen Flächen sind Rechtecke. Der Boden der 8 cm hohen Schachtel ist 9 cm breit und 12 cm lang, der Deckel ist 6 cm breit und 12 cm lang. Die Vorder- und die Rückseite sind je 12 cm lang und 8,1 cm breit.

a) Welche Maße muss ein rechteckiger Bogen Geschenkpapier ungefähr haben, damit die Pralinenschachtel darin eingepackt werden kann?

_____

_____

_____

_____

_____

b) Welcher Anteil des Geschenkpapiers ist nach dem Einpacken noch sichtbar?

_____

_____

_____

3 **a)** Die Cheops-Pyramide ist mit einer Höhe von 146 m die höchste der ägyptischen Pyramiden. Sie hat eine quadratische Grundfläche mit einer Kantenlänge von 233 m, die Höhe einer Seitenfläche misst 187 m. Welche Oberfläche der Pyramide ist sichtbar? Vernachlässige, dass die Wände der Pyramide nicht glatt, sondern stufenförmig sind.

_____

_____

_____

b) Wenn eine Pyramide keine quadratische, sondern eine rechteckige Grundfläche hat, was muss man dann bei den Höhen der dreieckigen Seitenflächen beachten?

_____

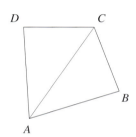

4 Ein **Drachenviereck** ist ein Viereck, bei dem die Diagonale [AC] Symmetrieachse ist.

a) Unter welchem Winkel schneiden sich die beiden Diagonalen?

_____

b) Welchen Flächeninhalt hat ein Drachenviereck, bei dem die Diagonale [AC] 5 cm und die Diagonale [BD] 2 cm misst?

_____

c) Ein weiteres Drachenviereck mit $\overline{AB}$ = 2,3 cm, $\overline{BC}$ = 1,8 cm und $\sphericalangle\,CBA$ = 90° ist Grundfläche eines Prismas mit Höhe 3 cm. Berechne die Oberfläche des Prismas.

_____

_____

5 **Bist du noch fit?**

a) Setze eine Klammer, so dass die Gleichung richtig wird: $18 - 23 + 11 + (-7) = -23$

_____

b) Streiche eine Klammer, so dass die Gleichung richtig wird:
$58 - [13 - (21 + 22)] = 44$

_____

6 **Dezimalzahlen raten:**
Suche dir einen Partner, wählt einen Spieler A und einen Spieler B.
Spieler A denkt sich eine Zahl zwischen 0 und 10 mit einer Dezimale, Spieler B muss sie raten. A darf nur den Hinweis „Meine Zahl ist größer/kleiner" geben.
B muss nach dem ersten Tipp durch Addieren oder Subtrahieren weitersuchen, z.B.:
A denkt sich 3,8 – B rät: „5" – A: „Meine Zahl ist kleiner" – B: „minus 2" –
A: „größer" – B: „plus 1" – A: „kleiner" – B: „minus 0,3" – A: „größer" –
B: „plus 0,1" – A: „Treffer"
Die Zwischenergebnisse werden nicht laut gesagt, beide Spieler müssen im Kopf mitrechnen. Ist die richtige Zahl gefunden, tauschen die Spieler die Rollen.

Volumen

Die Größe des Raumes, der innerhalb der Begrenzungsflächen eines Körpers liegt, nennt man **Volumen V** oder auch **Rauminhalt** des Körpers.

Um das Volumen eines Körpers zu bestimmen, kann man ihn mit Einheitswürfeln ausfüllen. Ein Einheitswürfel mit Kantenlänge 1 mm hat dabei das Volumen von **1 mm³ (Kubikmillimeter)**.

Ebenso benutzt man Einheitswürfel mit den Volumina **1 cm³**, **1 dm³** und **1 m³** (Kantenlänge 1 cm, 1 dm und 1 m).

Der **Umrechnungsfaktor** zwischen benachbarten Einheiten ist immer **10³ = 1000**.

Zum leichteren Umwandeln der Einheiten kann man eine **Einheitentafel** benutzen.

Beim Messen von Flüssigkeiten benutzt man auch **Hohlmaße**, diese sind: **Milliliter (ml)**, **Liter (l)** und **Hektoliter (hl)**.

1 Liter ist der Inhalt eines Einheitswürfels mit der Kantenlänge 1 dm (1 l = 1 dm³).

Vorsicht beim Umrechnen: 1 l = 1000 ml, aber 1 hl = 100 l.

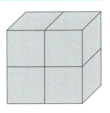

Beispiele:

Der Quader mit den Kantenlängen $l = 2$ cm, $b = 1$ cm, $h = 2$ cm hat ein Volumen von 4 cm³.

$1 \text{ m}^3 = 1 \text{ m} \cdot 1 \text{ m} \cdot 1 \text{ m} = 10 \text{ dm} \cdot 10 \text{ dm} \cdot 10 \text{ dm} = 10^3 \text{ dm}^3$

$750 \text{ ml} = 0{,}75 \text{ l} = \frac{3}{4} \text{ l}$

1   Wandle um:

a) $3{,}28 \text{ cm}^3 = $ _____ mm³   b) $1{,}5 \text{ l} = $ _____ ml

c) $206 \text{ cm}^3 = $ _____ dm³   d) $0{,}02 \text{ m}^3 = $ _____ cm³

e) $\frac{1}{4} \text{ l} = $ _____ cm³   f) $3 \text{ hl} = $ _____ m³

2   Wie kann man km³ in m³ umwandeln? Führe die Umrechnung durch.

_____

3   a) Bestimme das Volumen der Körper.

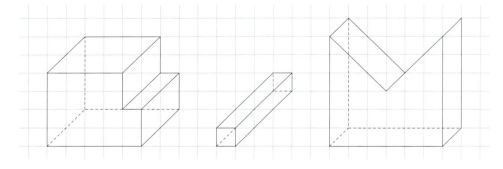

_____

b) Welches Volumen fehlt den Körpern mindestens zu einem Quader?

_____

c) Wie verändern sich die Ergebnisse aus a), wenn die Zeichnung im Maßstab 1 : 10 angelegt wurde?

_____

_____

4 **a)** Beschrifte die Spalten der Einheitentafel und trage die Werte ein.

										$2\,m^3\ 57\,dm^3\ 13\,cm^3$
										$0{,}146\,9\,dm^3$
										$3{,}081\,ml$

5 Auf einer Sirupflasche steht: *Fruchtgehalt 54 %. Zum Herstellen von Limonade im Verhältnis 1 : 4 mit Wasser verdünnen.*
Gib in ml und in Prozent an, wie viel reinen Fruchtsaft ein Liter Limo enthält.

_____

_____

6 **a)** Auf einem Messbecher befindet sich nebenstehende Skala.
Ergänze die fehlenden Zahlen.

b) Was bedeutet ccm? _____

c) Was könnten die Angaben für Mehl und Zucker bedeuten?

_____

_____

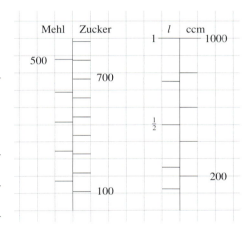

7 **a)** $\frac{1}{4}\,l \cdot 5 + 0{,}3\,ml - \frac{1}{8}\,l \cdot 3 =$ _____

_____

Erinnere dich:

$1\,dm^2 = 100\,cm^2$

b) $8\,dm^3 - (7\,dm^2 - 96\,cm^2) \cdot 12\,cm =$ _____

8 **Bist du noch fit?**

a) Berechne die Fakultät der Zahl 7.

$7! =$ _____

b) Gib die Primfaktorzerlegung von 8! in Potenzschreibweise an:

_____

_____

9 **Logikrätsel:**
Aus einem Brunnen sollen exakt 4 Liter Wasser geschöpft werden. Dazu stehen ein Kanister mit 3 Liter und einer mit 5 Liter Fassungsvermögen zur Verfügung.

_____

_____

Volumen eines Quaders

Das **Volumen eines Quaders** erhält man, wenn man die Länge l, die Breite b und die Höhe h miteinander multipliziert: $V_Q = l \cdot b \cdot h$.
Da $l \cdot b$ den Inhalt einer Begrenzungsfläche angibt, lässt sich das Volumen auch berechnen, indem man den Inhalt einer Fläche mit der dazugehörigen Höhe multipliziert.

Für das **Volumen eines Würfels** mit Seitenlänge s vereinfacht sich die Formel zu $V_W = s^3$.

Das Volumen anderer Körper lässt sich oftmals berechnen, indem man sie in verschiedene Quader zerlegt oder zu Quadern ergänzt.

Beachte auch beim Berechnen von Volumina: Gemessene Längenwerte sind nur Näherungswerte, daher ist eine Angabe daraus berechneter Werte auf viele Stellen genau oft sinnlos.

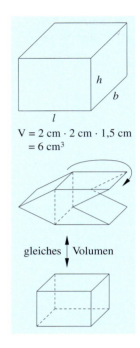

$V = 2\,\text{cm} \cdot 2\,\text{cm} \cdot 1,5\,\text{cm}$
$= 6\,\text{cm}^3$

gleiches $\updownarrow$ Volumen

1 Annas Familie hat in ihrem Garten auf einer rechteckigen Fläche von $7\,\text{m}^2$ ein $90\,\text{cm}$ tiefes Loch gegraben, um einen kleinen Teich anzulegen. Wie viel Liter Wasser benötigt man, um das Teichbecken komplett zu füllen?

_____

2 Berechne mit deinem Partner jeweils das Volumen der einzelnen Buchstaben auf zwei Arten: Einer ergänzt die Buchstaben zu einem Quader, der andere zerlegt in kleinere Quader. Vergleicht eure Lösungswege.

_____

_____

_____

_____

_____

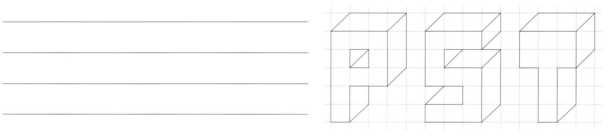

3 **a)** Berechne das Volumen und den Oberflächeninhalt eines Würfels mit $s = 4\,\text{m}$.

_____

_____

_____

b) Gib einen Quader (keinen Würfel) an, der das gleiche Volumen wie der Würfel hat, und berechne dessen Oberflächeninhalt.

_____

_____

c) Gib einen Quader (keinen Würfel) an, der den gleichen Oberflächeninhalt hat wie der Würfel, und berechne dessen Volumen.

_____

_____

Toleranz von 1 mm:

Messungenauigkeiten bis zu einem Millimeter sind erlaubt.

4 Ein Quader mit $l = 3\,\text{cm}$, $b = 2\,\text{cm}$ und $h = 4\,\text{cm}$ soll vermessen werden mit einer Toleranz von 1 mm. In welchem Bereich liegt das Ergebnis, wenn man aus den gemessenen Werten das Volumen berechnet?

5 a) Bei einem starken Regenschauer fielen 50 l pro Quadratmeter (kurz $50\,\frac{l}{m^2}$) Niederschlag, d. h. in einem quaderförmigen Gefäß mit Grundfläche $1\,\text{m}^2$ sammelten sich 50 l Wasser.
Wie viel Wasser sammelte sich in einem kleinen Eimer mit $1\,\text{dm}^2$ großer Öffnung?

b) Üblicherweise wird Niederschlag in mm gemessen. Dabei bedeutet 1 mm Niederschlag, dass sich in einem quaderförmigen Gefäß bis zu einer Höhe von 1 mm das Wasser sammelte.
Wie viel Niederschlag in Millimeter fielen bei dem Schauer mit $50\,\frac{l}{m^2}$ Niederschlag?

Tipp:

Ergänze und forme das Dreieck so um, dass ein Rechteck entsteht.

6 Ein Prisma mit Höhe 2,37 dm hat eine dreieckige Grundfläche mit $a = 0,35\,\text{dm}$ und $h_a = 1,2\,\text{cm}$. Berechne das Volumen.

7 Bist du noch fit?
Setze für den Platzhalter ein Rechenzeichen und eine ganze Zahl ein. Finde alle Lösungen.

a) $-143\ \boxed{} = 11$

b) $8\ \boxed{} = -96$

c) $-5\ \boxed{} = -165$

Tipp:

Zeichne dir die verschiedenen Ebenen des Würfels einzeln auf.

8 3-D-Puzzle:
Setze die Körper zu einem Würfel zusammen. Verwende dabei Teil E zweimal, alle anderen genau einmal.

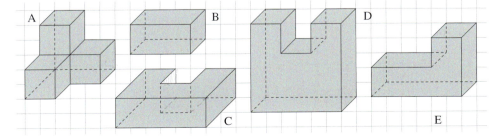

Teste dich!

Flächeninhalt von Parallelogramm, Dreieck und Trapez

Den Flächeninhalt eines Parallelogramms berechnet man mit der Formel _____.

Die Flächeninhalte von Dreiecken und Trapezen lassen sich aus dieser Formel ableiten,

da sich diese Figuren zu Parallelogrammen _____.

1 **a)** Welche Eigenschaften muss ein Parallelogramm haben, damit gilt: $A_P = a \cdot d$?

_____

b) Welche Eigenschaften muss ein Parallelogramm haben, damit gilt: $A_P = a \cdot hd$?

_____

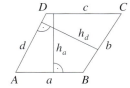

2 **a)** Wie viele unterschiedliche Höhen hat ein Trapez? _____

_____

b) Wie viele Symmetrieachsen hat ein Trapez? _____

3 Berechne den Flächeninhalt des Trapezes $ABCD$ auf zwei Arten. Die Fläche des Dreiecks AED misst 1 cm², außerdem sind folgende Längen bekannt: $c = 3$ cm, $h = 2$ cm, $\overline{FB} = 3$ cm.

_____

_____

_____

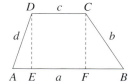

Schrägbild, Netz und Oberflächeninhalt

Zur besseren _____ zeichnet man Körper im

Schrägbild, zur leichteren Berechnung des _____

zeichnet man Körper als _____.

4 Ein Vieleck mit Umfang 15 cm und 16,2 cm² Inhalt bildet die Grundfläche eines 7,3 cm hohen Prismas P_1. Parallel zur Grundfläche wird das Prisma auf einem Drittel der Höhe durchgeschnitten, so dass die Prismen P_2 und P_3 entstehen.

a) Vergleiche den Oberflächeninhalt O_1 des großen Prismas P_1 mit den Oberflächeninhalten O_2 und O_3.

_____

_____

_____

b) Um was unterscheidet sich $O_2 + O_3$ von O_1?

_____

Volumen

Das Volumen eines Körpers kann man bestimmen, indem man ihn mit _____

_____ ausfüllt. Bei einem Quader kann man zur Berechnung

des Volumens die _____ mit der Höhe multiplizieren.

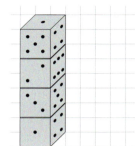

5 Trage den Umrechnungsfaktor als Zehnerpotenz ein:

a) $1\,m^3 =$ _____ cm^3 b) $1\,l =$ _____ cm^3

c) $10\,dm^3 =$ _____ mm^3 d) $1\,hl =$ _____ ml

6 a) Zeichne den Würfelturm von hinten.

b) Berechne das Volumen des Turmes.

_____

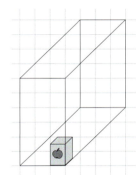

7 In einem Karton befinden sich kleine Getränkepackungen mit je 200 ml Apfelsaft.
Wie viel Liter Apfelsaft befindet sich im ganzen Karton?

_____

_____

8 a) In einem quaderförmigen Gefäß mit $l = 20\,cm$, $b = 30\,cm$ und $h = 40\,cm$ befinden
sich 18 l Wasser. Bis zu welcher Höhe ist der Behälter gefüllt?

_____

_____

b) In das Wasser wird eine Metallkugel geworfen, die vollständig versinkt. Im Quader steht das Wasser nun 35 cm hoch. Welches Volumen hatte die Kugel?

_____

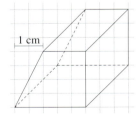

1 cm

9 a) Ergänze das Prisma mit trapezförmiger Grundfläche in der Zeichnung so, dass ein
möglichst kleiner Quader entsteht. Welchen Körper hast du ergänzt?

_____

b) Berechne das Volumen des Prismas.

_____

_____

c) Welchen Anteil hat das Volumen des Prismas am Volumen des Quaders?
Lies das Ergebnis zunächst aus der Zeichnung heraus, bevor du nachrechnest.

_____

_____

_____

Rechnen mit rationalen Zahlen

Vergleichen und Ordnen von rationalen Zahlen

Alle Elemente der **Menge ℚ der rationalen Zahlen** können auf der Zahlengerade angeordnet werden. Von zwei Zahlen ist dabei diejenige größer, die weiter rechts liegt.
Alle negativen rationalen Zahlen liegen links von der Null, alle positiven rationalen Zahlen rechts von der Null.
Den Abstand, den eine Zahl a auf der Zahlengeraden vom Nullpunkt hat, nennt man **Betrag von a** (kurz $|a|$). Eine Zahl und ihre Gegenzahl haben immer denselben Betrag.

Zwei rationale Zahlen kannst du folgendermaßen miteinander vergleichen:

Haben die Zahlen verschiedene Vorzeichen, so ist die positive Zahl immer die größere.
Sind beide Zahlen positiv, so bringe sie zunächst auf dieselbe Form:
– Dezimalzahlen kannst du dann stellenweise vergleichen.
– Bei Brüchen finde eine dritte Zahl, die du zwischen die Zahlen einordnen kannst.
    Oder du findest durch Erweitern und Kürzen gleiche Zähler oder gleiche Nenner, denn bei
    gleichem Zähler ist der Bruch mit **kleinerem Nenner** größer, bei **gleichem Nenner** ist
    der Bruch mit **größerem Zähler** größer.
Sind beide Zahlen negativ, so ist die Zahl mit dem kleineren Betrag größer, denn das ist die Zahl, die näher an Null liegt.

Beispiele:

$-1 < \frac{2}{3} < 0 < \frac{7}{5} < 2$

$\left|-\frac{1}{2}\right| = \frac{1}{2} = \left|\frac{1}{2}\right|$

$-\frac{7}{5} < \frac{2}{134}$

$0{,}387 < 0{,}391$

$\frac{17}{18} < 1 < \frac{13}{12}$

$\frac{1}{4} < \frac{1}{3}; \frac{3}{5} < \frac{4}{5}$

$-3{,}5 < -2$, weil $3{,}5 > 2$

1 a) Gib zu den Zahlen jeweils die Gegenzahl, den Betrag und den Kehrbruch an:

$\frac{4}{-5}$: _____ $\frac{2}{3}$: _____

-2: _____ 1: _____

Erinnere dich:

$4 : (-5) = -(4 : 5)$
$= -4 : 5,$

daher gilt auch:

$\frac{4}{-5} = -\frac{4}{5} = \frac{-4}{5}$

  b) Wann ist der Betrag einer Zahl gleich ihrer Gegenzahl? _____

  c) Wann ist der Kehrbruch einer Zahl gleich ihrem Betrag? _____

  d) Wann ist der Kehrbruch einer Zahl gleich ihrer Gegenzahl? _____

2 Wahr oder falsch? Begründe bzw. korrigiere.

  a) Liegt eine Zahl a in ℕ, liegt auch der Betrag von a in ℕ.

  _____

  b) Liegt a in ℤ, liegt auch die Gegenzahl von a in ℤ.

  _____

  c) Liegt a in ℤ, liegt auch der Kehrbruch von a in ℤ.

  _____

  d) Ist a eine positive rationale Zahl, ist der Kehrbruch eine negative rationale Zahl.

  _____

3 Eine rationale Zahl liegt auf der Zahlengeraden zwischen -1 und 0.
Wo liegt der Kehrbruch, wo liegt der Betrag?

  _____

4 Setze < oder > ein:

a) $-\frac{4}{3}$ ☐ $-1{,}332$ **b)** $-0{,}028\,49$ ☐ $-0{,}028\,39$

c) $0{,}375$ ☐ $\frac{7}{24}$ **d)** $-0{,}001\,11$ ☐ $0{,}000\,111$

5 Vergleiche die Zahlen mithilfe einer dritten Zahl:

a) $-\frac{39}{7}$ _____ $-\frac{29}{6}$ **b)** $\frac{178}{25}$ _____ $\frac{158}{23}$

c) $\frac{9}{12}$ _____ $\frac{5}{9}$ **d)** $-\frac{26}{18}$ _____ $-\frac{25}{16}$

6 Wie sieht man auf den ersten Blick, welche der Zahlen $\frac{23}{6}$ und $\frac{22}{7}$ größer ist?

_____

Tipp:

Zeichne dir eine Zahlengerade.

7 Berechne den Abstand der Zahlenpaare an der Zahlengerade.

a) $\frac{57}{12}$; $4{,}375$ _____

b) $-2{,}38$; $-1{,}01$ _____

c) $0{,}03$; $-0{,}18$ _____

d) $-\frac{11}{6}$; $-\frac{2}{3}$ _____

e) $-\frac{13}{17}$; $\frac{7}{8}$ _____

8 An Julians Gymnasium soll einheitliche Schulkleidung eingeführt werden. Die Schüler durften über die Farben abstimmen, zur Auswahl standen schwarze oder blaue Jeans, beige oder grüne Oberteile. Von den 616 Schülern, die für eine der Kombinationen eine gültige Stimme abgegeben haben, entschieden sich 77 für grüne Oberteile und schwarze Jeans. $\frac{3}{7}$ der Schüler wählten beige Oberteile und blaue Jeans. Insgesamt entschieden sich sogar 62,5 % für blaue Jeans. Berechne die Stimmanteile der verschiedenen Kombinationen und vergleiche: Welche erhielt die meisten Stimmen?

_____

_____

_____

9 **Bist du noch fit?**

a) Welchen Winkel überstreicht der Stundenzeiger einer Uhr in der Zeit von 8:30 Uhr bis 13:00 Uhr?

_____

b) Welchen Winkel überstreicht der Minutenzeiger einer Uhr in der Zeit von 11:47 Uhr bis 12:13 Uhr?

_____

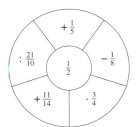

10 **Rechenkreis:**
Finde einen Term mit Wert 1. Starte dazu in der Mitte und rechne dann gegen oder im Uhrzeigersinn Kästchen für Kästchen. Verwende alle Zahlen genau einmal.

Addition und Subtraktion rationaler Zahlen

Für die **Addition rationaler Zahlen** gelten dieselben Rechenregeln wie für ganze Zahlen. Mithilfe von Beträgen lauten diese:
- Haben zwei Summanden das gleiche Vorzeichen, so addiert man die Beträge und gibt dem Ergebnis das Vorzeichen der Summanden.
- Haben zwei Summanden verschiedene Vorzeichen, so subtrahiert man den kleineren vom größeren Betrag und gibt dem Ergebnis das Vorzeichen der Zahl mit dem größeren Betrag.

Für die **Subtraktion rationaler Zahlen** gilt wie für ganze Zahlen:
Eine Zahl wird subtrahiert, indem man die Gegenzahl addiert.

Kommutativgesetz und **Assoziativgesetz** gelten auch für die Addition von rationalen Zahlen. Ebenso kann man einen Term mit Plus- und Minusgliedern vorteilhaft berechnen, indem man die Summe der Minusglieder von der Summe der Plusglieder abzieht.

Beispiele:

$$\frac{3}{5} + \frac{2}{5} = \frac{5}{5} = 1$$

$$-\frac{3}{5} + \left(-\frac{2}{5}\right) = -\frac{5}{5} = -1$$

$$-\frac{3}{5} + \frac{2}{5} = -\frac{3-2}{5} = -\frac{1}{5}$$

$$-\frac{2}{5} + \frac{3}{5} = \frac{3-2}{5} = \frac{1}{5}$$

$$-\frac{3}{5} - \left(-\frac{2}{5}\right) = -\frac{3}{5} + \frac{2}{5} = -\frac{1}{5}$$

1   a) $-\frac{13}{6} + \frac{4}{15} = $ _____

     b) $-\frac{9}{14} - \frac{2}{35} = $ _____

     c) $\frac{1}{12} + \left(-\frac{2}{21}\right) = $ _____

     d) $-\frac{3}{26} - \left(-\frac{3}{10}\right) = $ _____

2   Der Term ist eine Summe. Der 1. Summand ist die Differenz aus 2,837 und – 1,504, der 2. Summand ist die Summe aus – 0,38 und – 0,619. Stelle den Term auf und berechne seinen Wert.

_____

_____

_____

3   Rechne vorteilhaft:

     a) $-\frac{5}{6} + \left[\frac{5}{14} + \left(-\frac{2}{9}\right)\right] - \frac{13}{7} = $ _____

_____

     b) $-0,\overline{4} + 0,\overline{3} - 0,1\overline{6} - \frac{5}{12} - (-0,75) = $ _____

_____

4   Ergänze + und – , so dass eine sinnvolle Rechnung entsteht:

     a)   ☐ $\frac{17}{30}$ ☐ $\frac{2}{5}$ ☐ $\frac{1}{2}$ =   ☐ $\frac{2}{3}$

     b)   ☐ $\frac{3}{14}$ ☐ $\frac{13}{21}$ ☐ $\frac{7}{6}$ =   ☐ $\frac{1}{3}$

5   a) $-|-2| + 3,5 - 7,3 = $ _____

     b) $|2 - 3| + 8,75 - 12,031 = $ _____

     c) $-9,001 + |0,3 - 0,91| - 2,31 = $ _____

Tipp:

Berechne zuerst die Werte innerhalb der Betragsstriche, bevor du die Beträge auflöst.

6   In einem Café sind in der Vitrine folgende Kuchen ausgestellt (schraffierte Fläche):

Schwarz-   Käsesahne   Erdbeer   Apfelstrudel
wälderkirsch

a) Wie viel ist jeweils anteilig von den Kuchen noch übrig?

_____

b) Eine Reisegruppe kommt ins Café und bestellt 9 Stück Apfelstrudel, 10 Stück
    Schwarzwälder Kirsch, 5 Stück Erdbeerkuchen und 7 Stück Käsesahne. Aber
    nicht es sind sind mehr von allen Kuchen genügend Stücke vorhanden. Berechne
    die fehlenden Anteile der Kuchen.
    Die Kuchen wurden je in 12 Stücke geschnitten, der Apfelstrudel in 14 Stücke.

_____

_____

7   Petra sagt: „In einem Term mit Plus- und Minusgliedern darf ich alle Glieder beliebig
    vertauschen, wenn ich jeweils das Rechenzeichen (bzw. beim ersten Glied das Vorzei-
    chen) mitnehme, z. B. ist $1 - 2 + 3 = 1 + 3 - 2$.“

a) Mit welchen Rechengesetzen könnte Petra ihre Aussage beweisen?

_____

_____

Tipp:

Vorsicht beim Subtrahie-
ren von Brüchen, z. B.:

$1 - \frac{1}{3} + \frac{1}{6} = 1 + \frac{-2+1}{6}$

$\qquad \neq 1 - \frac{2+1}{6}$

b) Benutze Petras Aussage, um vorteilhaft zu rechnen:

$-8{,}31 + 7{,}6 + 11{,}41 - 0{,}02 - 9{,}6 - 1{,}98 =$ _____

_____

$\frac{-2}{5} - \frac{1}{3} + \frac{3}{4} + \frac{3}{10} + \frac{7}{6} - \frac{11}{-15} - \frac{13}{8} =$ _____

_____

8   **Bist du noch fit?**
    Suche unter folgenden Zahlen die Primzahlen heraus. Für alle anderen gib die Prim-
    faktorzerlegung an: 81, 83, 85, 87, 89, 181, 183, 185, 187, 189.

_____

_____

_____

9   **Figurenrätsel**
    Wie viele Dreiecke verbergen sich in dieser Figur?

_____

Multiplikation und Division rationaler Zahlen

Für die **Multiplikation und Division rationaler Zahlen** gelten dieselben Rechenregeln wie für ganze Zahlen:

Man multipliziert oder dividiert zunächst die Beträge zweier Zahlen. Das Ergebnis erhält dann ein Vorzeichen nach der bekannten **Vorzeichenregel**:

– Sind die Vorzeichen der beiden Zahlen gleich, ist der Wert des Terms positiv.
– Sind die Vorzeichen verschieden, ist der Wert des Terms negativ.

Ist ein Faktor oder der Dividend Null, so ist auch der Wert des Terms Null.
Der Divisor darf nie Null werden!

Kommutativgesetz und **Assoziativgesetz** gelten auch für die Multiplikation von rationalen Zahlen. Ebenso gilt beim Rechnen mit rationalen Zahlen das **Distributivgesetz**.

Beispiele:

$$\frac{3}{5} \cdot \frac{5}{2} = \frac{3}{2}$$

$$-\frac{3}{5} : \left(-\frac{2}{5}\right) = \frac{3 \cdot 5}{5 \cdot 2} = \frac{3}{2}$$

$$-\frac{3}{5} \cdot \frac{5}{2} = -\frac{3}{2}$$

$$\frac{3}{5} : \left(-\frac{2}{5}\right) = -\frac{3 \cdot 5}{5 \cdot 2} = -\frac{3}{2}$$

$$\left(-\frac{3}{5} - \frac{2}{7}\right) : \frac{4}{5} = -\frac{3 \cdot 5}{5 \cdot 4} - \frac{2 \cdot 5}{7 \cdot 4}$$

1   Stelle an der Zahlengeraden grafisch dar, wie man die Zahl $\frac{2}{3}$ mit $-\frac{1}{2}$ multipliziert.

2   Welche Terme haben denselben Wert? Antworte, ohne den Wert der Terme zu berechnen.

A: $\frac{3}{10} \cdot \left(-\frac{2}{13}\right)$ B: $\frac{2}{130} \cdot \frac{3}{10}$ C: $\frac{2}{10} \cdot \left(-\frac{3}{13}\right)$ D: $-\frac{3}{10} : \left(-\frac{130}{2}\right)$

E: $\frac{3}{13} : \frac{10}{2}$ F: $\frac{2}{130} \cdot (-3)$ G: $-\frac{1}{5} \cdot \left(-\frac{3}{13}\right)$

3   **a)** In dieser Zahlenpyramide wird in jeder Reihe eine andere Rechenart verwendet. Zwei nebeneinander liegende Zahlen ergeben – mit der Rechenart verknüpft – den Wert im Feld darüber. Fülle aus.

     b) Wie kann man schon in der mittleren Reihe das Ergebnis an der Spitze erkennen?

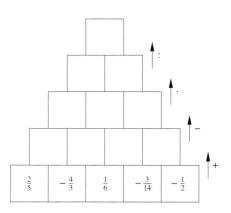

4   Wende das Distributivgesetz an:

     a) $\frac{3}{7} \cdot (-2{,}5) - \left(-\frac{2}{5}\right) \cdot 2{,}5 =$ _____

     b) $\frac{6}{4} : \left(-\frac{3}{7}\right) + \frac{5}{6} \cdot \frac{3}{2} =$ _____

5 Verändere die Terme wie angegeben und berechne den Wert. Anhand des Ergebnisses muss dein Partner herausfinden, was genau du verändert hast.

a) Streiche eine Klammer: $(-0,4)^2 - 2,5 \cdot (0,2 - 1,3)$

b) Setze eine Klammer: $-\frac{3}{4} \cdot \frac{7}{3} - \frac{5}{6} : 2 \cdot \frac{1}{3}$

c) Verändere ein Rechenzeichen: $(0,6 - \frac{3}{7} \cdot 2,8) : (-2 + 0,4)$

6 Frau Behringer hat auf ihrem Konto 3 256,09 Euro. Dann wird für ihre zwei Kinder das Kindergeld überwiesen, pro Kind 154 Euro. Vom Elektromarkt wird die Rate für den Fernseher abgebucht; bei einem Preis von 1 258 Euro hatte Frau Behringer acht gleiche Monatsraten vereinbart. Danach werden ihr Zinsen in Höhe von 2 % für ihr Guthaben von 2804,35 Euro gutgeschrieben.
Stelle einen Term auf und berechne den aktuellen Kontostand.

7 a) Wie lauten die Werte in Grad Celsius? (vergleiche dazu die Formel auf Seite 39, Aufgabe 8).

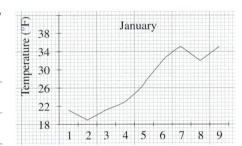

b) Wie hoch war die durchschnittliche Temperatur in der ersten Woche in °F und °C?

8 **Bist du noch fit?**
Zeichne in ein Koordinatensystem mit Einheit 1 cm die Punkte $M(0,5|0,5)$ und $A(-1,5|-1)$. Ziehe einen Kreis um M durch A.

a) Welchen Durchmesser hat der Kreis? _____

b) Welchen Abstand hat der Punkt $B(2|2,5)$ von M? _____

9 **Rechenrechteck:**
Ziehe im Rechteck zwei gerade Linien, sodass sich in jedem entstandenen Feld das Produkt 1 ergibt.

$-\frac{8}{10}$ $\frac{7}{21}$

$\frac{10}{14}$ $-\frac{15}{4}$

$\frac{21}{5}$ $-\frac{6}{12}$ $\frac{14}{11}$

$-\frac{2}{3}$ $\frac{22}{12}$ $\frac{3}{7}$

Teste dich!

Vergleichen und Ordnen von rationalen Zahlen

Von zwei Brüchen mit gleichem Zähler ist der Bruch mit dem _____

_____ größer, bei gleichem Nenner ist der Bruch mit dem _____

_____ größer.

1 Ordne auf einer geeigneten Zahlengerade an: $-2{,}95$; $-1\frac{1}{3}$; $-\frac{67}{25}$; $-1{,}01$ und $-\frac{13}{8}$.

2 Sophia, Julia und Luca haben Sterne für den Weihnachtsbasar gebastelt. Sophia hat 50 Stück gebastelt, davon waren aber 9 nicht schön genug zum Verkaufen. Julia konnte 49 Stück zum Verkauf geben, 11 musste sie wegwerfen. Luca blieben von 70 gebastelten Sternen 57 zum Verkaufen übrig. Wer hat am effektivsten gearbeitet?

_____

_____

Addition und Subtraktion rationaler Zahlen

Zwei rationale Zahlen mit unterschiedlichen Vorzeichen werden addiert, indem man den

_____ vom _____ Betrag subtrahiert und dem Ergebnis das

Vorzeichen der _____ gibt.

3 Ergänze die fehlende Zahl:

a) $\frac{3}{7} - \frac{8}{6} - \ldots = \frac{-1}{21}$ _____

b) $\frac{-7}{15} + \frac{1}{5} + \ldots = \frac{4}{3}$ _____

4 In einem Koordinatensystem mit Einheit 1 cm liegt das Trapez mit den Eckpunkten

$A\left(-\frac{6}{5}\,\middle|\,-\frac{7}{4}\right)$, $B\left(-\frac{2}{3}\,\middle|\,-\frac{7}{6}\right)$, $C\left(-\frac{2}{3}\,\middle|\,\frac{11}{6}\right)$ und $D\left(-\frac{6}{5}\,\middle|\,\frac{11}{4}\right)$. Berechne den Flächeninhalt des Trapezes.

_____

_____

_____

5 Addiere zu $-2{,}48$ die Gegenzahl von $-\frac{7}{6}$, davon subtrahiere den Betrag von $-\frac{7}{10}$:

_____

Multiplikation und Subtraktion rationaler Zahlen

Haben zwei Zahlen unterschiedliche Vorzeichen, so ist ihr Quotient _____ .

Haben zwei Zahlen gleiche Vorzeichen. so ist ihr Produkt _____ .

Bei der Division rationaler Zahlen darf der _____ nie Null werden.

6 Vergleiche, wie sich der Wert des Terms durch Setzen einer Klammer verändert:

a) $1,2 : 0,5 - \frac{1}{2} \cdot \frac{2^2}{5} =$ _____

b) $(1,2 : 0,5) - \frac{1}{2} \cdot \frac{2^2}{5} =$ _____

c) $1,2 : \left(0,5 - \frac{1}{2}\right) \cdot \frac{2^2}{5} =$ _____

d) $1,2 : 0,5 - \left(\frac{1}{2} \cdot \frac{2}{5}\right)^2 =$ _____

e) $1,2 : 0,5 - \frac{1}{2} \cdot \left(\frac{2}{5}\right)^2 =$ _____

7 **a)** Stelle den Term $\left(\frac{-8}{7} \cdot \frac{2}{3} - \frac{1}{14}\right) : \left(\frac{4}{9} + \frac{1}{-3}\right)$ mithilfe eines Gliederungsbaumes dar.

b) Wie lautet der Name des Terms?

_____

c) Berechne den Wert :

_____

_____

8 **Rechenkönig:**
Alle Schüler müssen aufstehen. Der Reihe nach wird jedem Schüler vom Lehrer eine einfache Rechenaufgabe gestellt, die der Schüler sofort im Kopf berechnen muss. Ist das Ergebnis richtig, darf der Schüler stehen bleiben, sonst muss er sich setzen. Wenn alle einmal dran waren, wird den Schülern, die noch stehen, noch mal je eine Aufgabe gestellt. Dies geht so lange weiter, bis nur noch ein Schüler steht. Das ist der Rechenkönig der Klasse.

Prozentrechnung, Schlussrechnung und Diagramme

Grundlagen der Prozentrechnung

Beim Rechnen mit Prozenten ist es wichtig, zuerst eine Größe als **Grundwert** zu bestimmen, auf den sich Prozentangaben beziehen. Diesem Grundwert entsprechen 100 % (ein Ganzes). Der **Prozentsatz** gibt in Prozent einen Anteil vom Grundwert an, d. h. wie viele Hundertstel des Ganzen genommen werden. Der **Prozentwert** ist die zugehörige Größe, die diesem Prozentsatz entspricht.

Da ein Prozentsatz immer als Bruch mit Nenner 100 geschrieben werden kann, rechnet man mit Prozenten wie mit Bruchteilen:

– **Berechnung des Prozentwertes** (= Berechnung eines Bruchteiles)
  Multipliziere den Prozentsatz mit dem Grundwert:
  Prozentwert = Prozentsatz · Grundwert

  $15\,\%$ von $200\,\text{m} = \frac{15}{100} \cdot 200\,\text{m} = 30\,\text{m}$ oder $= 0{,}15 \cdot 200\,\text{m} = 30\,\text{m}$

– **Berechnung des Grundwertes** (= Berechnung des Ganzen)
  Dividiere den Prozentwert durch den Prozentsatz:
  Grundwert = Prozentwert : Prozentsatz
  $30\,\text{m}$ sind $15\,\%$ von $(30\,\text{m} : 15) \cdot 100 = 200\,\text{m}$ oder $= 30\,\text{m} : 0{,}15 = 200\,\text{m}$

– **Berechnung des Prozentsatzes** (= Berechnung des prozentualen Anteils)
  Bilde den Quotienten aus Prozentwert und Grundwert:

  Prozentsatz $= \frac{\text{Prozentwert}}{\text{Grundwert}}$

  $\frac{30\,\text{m}}{200\,\text{m}} = \frac{15}{100} = 15\,\%$

Lässt sich der Bruch nicht auf den Nenner 100 bringen, so berechnet man den Quotienten und formt die entstandene Dezimalzahl in einen Prozentsatz um.

1 Trage alle Daten in die Tabelle ein und berechne fehlende Werte:
  – Statt 60 € kostet die Hose jetzt nur noch 50 €.
  – Es wurden 4 € Zinsen gutgeschrieben, das sind 2 %.
  – Von 316 Schülern sind etwa 12 % schwarzhaarig.
  – Kinder zahlen nur 5,40 Euro, das sind 60 % des regulären Eintrittspreises.
  – Von den 17 Häusern in der Straße haben 13 eine eigene Garage.

Merke:

Prozent*wert* und Grund*wert* sind Größen, der Prozentsatz ist immer eine Zahl ohne Einheit.

	Hose	Zinsen	schwarzhaarig	Eintritt	Garage
Grundwert					
Prozentwert					
Prozentsatz					

2 a) Ein Flugzeug mit 250 Plätzen ist zu 94 % ausgebucht. Eine weitere Reisegruppe (23 Personen) will auch diesen Flug nehmen. Stehen genügend Plätze zur Verfügung?

 b) Die Fluggesellschaft geht grundsätzlich davon aus, dass mindestens 5 % der gebuchten Plätze nicht belegt werden, und lässt daher immer 5 % mehr Buchungen zu, als Plätze zur Verfügung stehen. Könnte die Reisegruppe jetzt mitfahren?

3 Aus einem Zeitungsartikel: „… Rund 750 000 Spanier haben dem blauen Dunst abgeschworen, womit der Anteil der Raucher an der Bevölkerung von 25,8 % auf 23,7 % gefallen ist." Wie viele Menschen leben in Spanien?

_____

_____

4 Ein Kaufhaus hat während der Jubiläumswoche alle Preise um 25 % gesenkt.
Um wie viel Prozent müssen die Preise danach angehoben werden, um wieder zu den ursprünglichen Preisen zurückzukehren?

_____

_____

5 Die **Inflationsrate** gibt an, um wie viel Prozent die Verbraucherpreise innerhalb eines bestimmten Zeitraumes gestiegen sind. Im Januar 2007 lag in Deutschland die Inflationsrate im Vergleich zum Januar 2006 bei 1,6 %.
Familie Breuer hat im Jahr 2006 im Durchschnitt pro Monat rund 1 350 Euro ausgegeben. Mit welchen Ausgaben muss die Familie im Jahr 2007 durchschnittlich rechnen, wenn sie weiterhin monatlich gleich viel ausgibt?

_____

_____

6 Eine kleine Firma konnte im Jahr 2003 etwa 168 000 Euro Gewinn verbuchen. 2004 wurde diese Summe noch um 15 % gesteigert. 2005 sank der Gewinn dann um 10 %, konnte jedoch im Jahr 2006 wieder um 5 % erhöht werden.
Berechne jeweils den Gewinn der Jahre 2004 bis 2006. Runde Ergebnisse sinnvoll.

_____

_____

_____

7 **Bist du noch fit?**
Ein Würfel trägt die Augenzahlen 1 bis 5 und anstatt der 6 einen „Joker".

   a) Bei einem Würfelspiel soll so oft wie möglich die Punktzahl 1 erreicht werden. Mit welcher relativen Häufigkeit ist nach sehr vielen Würfen zu rechnen, wenn der Joker immer als 1 gewertet wird?

   _____

   b) Mit zwei Joker-Würfeln wie aus a) wird gleichzeitig geworfen. Wie viele Möglichkeiten gibt es, einen Pasch zu würfeln. Dabei zählt z. B. die Kombination „2 – Joker" auch als Pasch.

   _____

8 **Legerätsel:**
Auf einer „Schaufel" aus vier Zahnstochern liegt ein Stein. Lege zwei Zahnstocher so um, dass der Stein neben der Schaufel liegt. Der Stein darf nicht bewegt werden.

Diagramme

Prozentangaben lassen sich übersichtlich in Diagrammen darstellen:
- Will man die Aufteilung eines Ganzen in verschiedene prozentuale Anteile darstellen, so wählt man am besten einen **Prozentstreifen (Streifendiagramm)** oder ein **Kreisdiagramm**.
- Um Prozentsätze zu vergleichen oder die Veränderung von Prozentsätzen im zeitlichen Verlauf darzustellen (Bsp. „Entwicklung der Trefferquote"), eignet sich ein **Säulendiagramm**.

Diagramme sollte man stets kritisch hinterfragen, denn durch geschickte Darstellungen kann man bestimmte Daten bewusst hervorheben, z. B.:
- Beginnt die y-Achse eines Streifendiagramms nicht bei 0, so werden Unterschiede zwischen den Daten stärker betont (siehe „Trefferquote schwankt stark").
- Trägt man entlang der x-Achse nur einen Teil vorhandener Daten an, werden Ergebnisse verfälscht dargestellt (siehe „Trefferquote nimmt stetig zu").

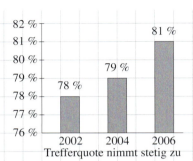

Trefferquote nimmt stetig zu

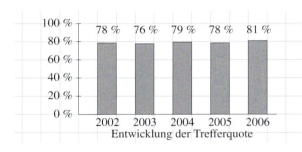

Entwicklung der Trefferquote

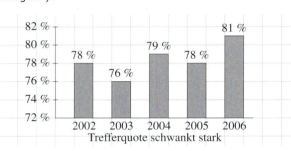

Trefferquote schwankt stark

1 In einem Streifendiagramm ist der Abschnitt für den Anteil 13 % genau 2,6 cm lang.

  a) Wie lang ist der ganze Prozentstreifen? _____

  b) Wie lang ist der Abschnitt für den Anteil 41 %? _____

  _____

  c) Welchen Prozentsatz stellt ein 5,7 cm langer Abschnitt dar?

  _____

2 Stelle die Werte in einem geeigneten Diagramm dar und beschrifte es mit Prozentsätzen.

Tipp:

Wähle als festen Grund-
wert die Ergebnisse *eines*
Spielers.

3 Max, Felix und Benjamin üben mit einem Basketball Körbe zu werfen. Jeder wirft
genau 50 Mal, die Treffer zählen sie mit.
Berechne den prozentualen Unterschied der Treffer und vergleiche mit dem prozentualen Unterschied der Säulenlängen im rechten Diagramm.

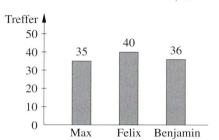 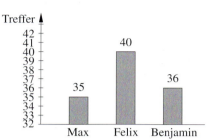

_____

_____

_____

4 In einer Gemeinde wollen die Bürger, dass an einer Kreuzung, an der sehr viele
Unfälle passieren, eine Ampel aufgestellt wird. Der Bürgermeister hingegen legt eine
andere Grafik vor und behauptet: „Nach dem Aufstellen neuer Verkehrsschilder im Jahr
2000 ging die Zahl der Unfälle stetig zurück." Wie könnte seine Grafik ausgesehen
haben?

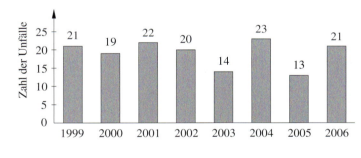 

Pralinen

3,49 €

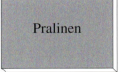

Pralinen

6,49 €

Jetzt günstig im
Familienpack!

5 Eine Schokoladenfirma wirbt für die neue Familienpackung ihrer Pralinen. Beschreibe, welche Wirkung mit der Werbeanzeige erzielt wird, und beurteile, ob das Angebot
wirklich so günstig ist, wenn die Familienpackung doppelt so viele Pralinen enthält
wie die kleine Schachtel.

_____

_____

_____

6 Bist du noch fit?
1 mile sind 1,609 3 Kilometer. Wie viel Quadratmeter sind 1 square mile?

_____

7 Das ist das Haus vom Nikolaus:

a) Beginne links unten und zeichne das Haus in einem Zug. Wie viele Wege gibt es?

b) An welchen Punkten des Hauses kann man noch starten?

Schlussrechnung

Oftmals stehen zwei Größen so in einem Zusammenhang, dass sich bei Veränderung der einen Größe auch die andere ändert. Diesen Zusammenhang kann man in einem **Liniendiagramm** darstellen, indem man eine Größe an der x-Achse anträgt und die andere Größe an der y-Achse.

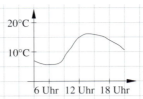

Ein spezieller Zusammenhang besteht zwischen zwei Größen, wenn sich bei Änderung der einen Größe um einen bestimmten Faktor die andere Größe auch um diesen Faktor ändert.
Dann spricht man von **direkter Proportionalität** der beiden Größen.
Umgekehrt sind zwei Größen zueinander **indirekt proportional**, wenn sich bei Erhöhung der einen Größe die andere im selben Verhältnis reduziert.

Beispiele:

direkt proportional:
3 l Saft kosten 5,25 € und
1 l Saft 5,25 € : 3 = 1,75 €.
2 l Saft kosten 1,75 € · 2.

indirekt proportional:
Was 3 Arbeiter in 2 h schaffen, dafür braucht
1 Arbeiter 2 h · 3;
5 Arbeiter schaffen es in
6 h : 5 = 1 h 12 min

1 a) Janinas Vater fährt mit durchschnittlich $50 \frac{km}{h}$ den Weg zur Arbeit und ist nach 30 Minuten dort. Wie lang würde er brauchen, könnte er stets $100 \frac{km}{h}$ schnell fahren?

_____

b) Wie lang braucht Janinas Vater für den Arbeitsweg hin und zurück, wenn er durchschnittlich $50 \frac{km}{h}$ fährt.

_____

Erinnere dich:

Bei einer Geschwindigkeit von $50 \frac{km}{h}$ legt man in einer Stunde 50 km zurück.

2 Gib jeweils an, ob Proportionalität zwischen den Größen besteht:

a) Wie verändert sich der Prozentsatz, wenn man den Prozentwert beibehält und den Grundwert halbiert?

_____

b) Wie verändert sich der Prozentwert, wenn man den Grundwert beibehält und den Prozentsatz halbiert?

_____

c) Wie verändert sich der Grundwert, wenn man den Prozentsatz beibehält und den Prozentwert verdoppelt?

_____

Tipp:

Suche dir Zahlenbeispiele.

3 a) 1 Liter Apfelschorle enthält 50 % Apfelsaft. Gießt man $\frac{1}{2}$ l Wasser hinzu, verdoppelt sich die Wassermenge. Wie verändert sich der Apfelsaftanteil?

_____

b) Stelle dieselben Überlegungen an, wenn man stattdessen 1 l, 1 $\frac{1}{2}$ l oder 2 l Wasser hinzu gießt.
Gib außerdem ohne Rechnung den Apfelsaftanteil bei zusätzlich 5 l Wasser an.

_____

_____

4 Familie Zott zieht um. Am Tag des Umzugs beginnt Herr Zott mit einem Nachbarn, die 48 Kisten in den Umzugslaster zu laden. Nach einer halben Stunde, als schon 18 Kisten im Laster sind, kommen noch drei Freunde um zu helfen. Wie lang brauchen alle zusammen, um die restlichen Kisten zu verladen?

_____

_____

_____

5 a) In einem Laden kosten 100 g Käse 1,50 €, in einem anderen 2 €. Stelle jeweils den Zusammenhang zwischen Käsemenge und Einkaufspreis im Diagramm dar.

    b) Beschreibe die beiden Linien im Diagramm.

_____

_____

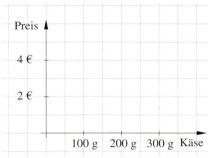

6 Samira soll für ihre kleine Schwester Windeln kaufen. Bei der Marke Happy Baby kosten 44 Stück 6,99 €, 40 Stück von Lucky Baby kosten 6,79 € und 7,19 € zahlt man für 48 Stück der Marke Funny Baby. Welches Produkt sollte sie kaufen?

_____

_____

_____

Info:

1 gallon ≈ 3,79 Liter
1 € = 1,35 $

7 On holiday in the USA Elias sees a sign at the gas station that says „$ 3.06 per gallon". He converts the price of 1 liter of gasoline into Euro:

_____

_____

8 Bist du noch fit?
Suche unter folgenden Zahlen die Quadratzahlen heraus und gib dazu die Basis an:
179, 186, 196, 256, 279, 289, 361, 381, 421, 484.

_____

_____

9 Berechne im Kopf …
… die natürlichen Zahlen x, y und z und versuche dabei eine Regel festzustellen:

$$1 + 2 + 3 + 4 + 5 = \frac{5}{2} \cdot x; \quad 1 + 2 + \ldots + 8 + 9 = \frac{9}{2} \cdot y; \quad 1 + 2 + \ldots + 11 + 12 = \frac{12}{2} \cdot z$$

_____

_____

Teste dich!

Prozentrechnung

_____ % entsprechen dem Grundwert. Den Prozentwert erhält man, wenn man

den Grundwert _____ Prozentsatz _____ .

1   Familie Schmidt bucht ab 7. August für zwei Wochen eine Ferienwohnung in Italien. In den Vertragsbedingungen heißt es: „ … _Bei Buchung ist eine Anzahlung von 15 % fällig, der Rest eine Woche vor Reiseantritt. Bei Stornierung bis 30 Tage vor Reise-antritt müssen 20 % des Reisepreises gezahlt werden, bis 15 Tage vorher 15 %, bis 2 Tage vorher 80 %, sonst 100 %…_ "

  a) Die Anzahlung beträgt 123,60 Euro. Wie viel kostet die Ferienwohnung insgesamt?

  _____

  b) Am 24. Juli sagt Herr Schmidt die Reise ab, da er sich einer Operation unterziehen muss. Wie viel muss die Familie trotzdem noch bezahlen?

  _____

  _____

2   Richtig gerechnet? Begründe deine Antwort. Korrigiere.

  a) Der Fernseher kostet jetzt noch 849 €, nächste Woche wird er 5 % teurer sein. Dann kostet er 849 € · 1,05 = 891,45 €.

  _____

  b) Von 60 Äpfeln sind 12 Stück verfault, das sind $\frac{60}{12}$ = 5 %.

  _____

  c) Der Umsatz ist um 20 % zurückgegangen. Statt 2,5 Millionen im letzten Jahr beträgt er dieses Jahr nur noch 2,5 Mio. · 0,8 = 2 Mio.

  _____

  d) Statt 79 € kosten die Schuhe nur noch 39 €. Sie sind um 44,3 % reduziert, denn $\frac{39 €}{79 €}$ ≈ 0,443.

  _____

  e) Nur 78 Schüler des Gymnasiums haben kein eigenes Handy, das sind etwa 21 %. $\frac{21}{78}$ ≈ 0,269. Die Schule hat demnach 269 Schüler.

  _____

  f) 69 % der Fahrräder auf dem Schulhof haben Mängel, das sind 58 Stück. Insgesamt stehen daher $\frac{58}{0,69}$ ≈ 84 Räder auf dem Schulhof.

  _____

Diagramme

Für die Darstellung von Prozentsätzen eignen sich _____

_____ .

3 Um die Sitzverteilung im deutschen Bundestag darzustellen, wird ein halber Ring verwendet in Anlehnung an die Sitzordnung im Plenarsaal des Bundestages.
Bei der Bundestagswahl im Jahr 2005 ergab sich folgende Sitzverteilung:

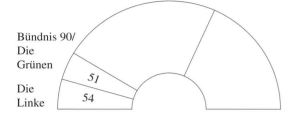

CDU/CSU	226	36,8 % der Sitze
SPD	222	36,1 % der Sitze
FDP	61	
Die Linke	54	8,8 % der Sitze
Bündnis 90/Die Grünen	51	

a) Ergänze Diagramm und Tabelle.

b) Für Verfassungsänderungen ist eine Zweidrittelmehrheit erforderlich. Können CDU/CSU und SPD zusammen die Verfassung ändern?

_____

_____

Schlussrechnung

Sind zwei Größen indirekt proportional, so verdreifacht sich die eine Größe, wenn man

die andere Größe _____ .

4 a) Vier Kekspackungen kosten 6,76 Euro. Wie viel kosten 13 Packungen?

_____

b) 7 Äpfel kosten 4,20 Euro. Wie viel kosten 11 Äpfel?

_____

Geschw. in km/h	Bremsweg in Metern
32	12
48	23
64	36
80	53
96	73
112	96

5 Zeichne ein Liniendiagramm, das den Zusammenhang zwischen Geschwindigkeit und Bremsweg eines Autos zeigt, und erläutere, ob Proportionalität besteht oder nicht.

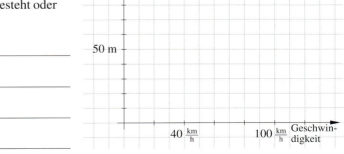

_____

_____

_____

_____

_____

_____

Vertiefung und Vernetzung

Auf der Bank

Zinssätze werden fast immer als Jahreszins angegeben. Werden Zinssätze für einen kürzeren Zeitraum gewährt, so werden die Zinsen anteilig berechnet. Üblich sind neben jährlichen Zahlungen vor allem Zahlungen pro Quartal oder monatliche Zahlungen. Dabei wird der Monat immer als ein Zwölftel des Jahres gesehen, unabhängig davon, wie viel Tage der Monat hat.

Merke:

Quartal
= ein Vierteljahr

1 Frau Birk ist Kundin der Spar-Bank und hat dort neben dem Konto auch einige Sparanlagen.

a) Auf ihrem Girokonto bekommt sie pro Quartal Zinsen gutgeschrieben. Im 1. Quartal lag ihr durchschnittliches Guthaben bei 1 040 Euro, ihr wurden 3,25 Euro Zinsen gutgeschrieben. Wie hoch war der Zinssatz pro Jahr?

_____

b) 10 000 € ihres Vermögens hat Frau Birk als Festgeld mit einem Monat Laufzeit angelegt. Das bedeutet, dass das Geld jeweils für einen Monat fest angelegt ist, in dieser Zeit darf es nicht abgehoben werden. Nach einem Monat werden Zinsen gutgeschrieben und wenn das Geld nicht abgehoben wird, bleibt es für einen weiteren Monat fest angelegt (inklusive der Zinsen) usw.
Nach 3 Monaten will Frau Birk die gesamte Summe abheben. Wie viel ist inzwischen aus den 10 000 € bei einem Zinssatz von 2,4 % p. a. geworden?

Info:

2,4 % p. a. =
2,4 % per annum =
2,4 % pro Jahr

_____

_____

2 Frau Birk begibt sich auf eine 10-tägige Mittelmeerkreuzfahrt und plant, als Bargeldreserve etwa 50 € pro Tag mitzunehmen. Laut Reisebeschreibung wird das Schiff die Hälfte der Zeit auf offener See sein, an einem Tag steht ein Landgang in Griechenland auf dem Programm, zwei Tage wird Frau Birk in Israel verbringen und an zwei Tagen wird sich die Gruppe in der Türkei aufhalten. Auf dem Schiff kann alles in Euro bezahlt werden, aber für die Landgänge tauscht Frau Birk bei ihrer Bank Geld um.

Info:

100 Israelische Shekel
= 22,23 €

1 Türkische Lira
= 0,59 €

a) Wie viel hat sie in jeder Währung dabei?

_____

_____

_____

b) Als Frau Birk von der Reise heimkehrt, hat sie neben Euro auch noch 150 Shekel und 80 Lire übrig. Als sie diese zu der Bank zurückbringt, bekommt sie wie beim Rückkauf üblich, einen schlechteren Kurs als beim ersten Umtausch. Für 100 Shekel erhält sie nun noch 14,71 Euro und für eine Lira 52 Cent.
Wie viele Euro bekommt sie noch heraus und wie viel Geld hat sie durch den schlechteren Umtauschkurs verloren?

_____

_____

_____

3 Wenn man **Aktien** eines Unternehmens erwirbt, so stellt man diesem Unternehmen Geld zur Verfügung und wird gleichzeitig mit einem kleinen Anteil Teilhaber des Unternehmens. In der Regel werden Aktien an einer Börse gehandelt. Der An- und Verkaufskurs einer Aktie ändert sich ständig, deshalb wird beim Kauf einer Aktie darauf spekuliert, dass man sie zu einem späteren Zeitpunkt zu einem besseren Kurs wieder verkaufen kann.

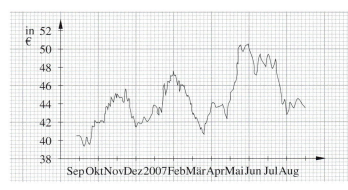

Die Grafik zeigt den Kursverlauf der Dachs AG innerhalb eines Jahres von September 2006 bis Ende August 2007. Die x-Achse zeigt diesen Zeitabschnitt, die y-Achse zeigt den Preis in Euro, der am jeweiligen Datum für eine Aktie der Dachs AG bezahlt werden musste.

a) Frau Birk hat Ende August 2006 von dieser Aktie 60 Stück gekauft und ein Jahr später wieder verkauft. Gib den Gewinn in Euro und Prozent an.

_____

_____

b) Welchen Ausschnitt der Grafik wählst du jeweils, wenn du jemandem die Aktie der Dachs AG besonders empfehlen willst bzw. sie als sehr schlecht darstellen willst?

_____

_____

4 Die verfügbaren Schließfächer der Spar-Bank haben alle eine Grundfläche von 31 cm mal 24 cm und eine Höhe von wahlweise 6 cm, 9 cm oder 12 cm. Demnach staffelt sich auch die jährliche Gebühr.
Frau Birk möchte eine 5,1 cm hohe, runde Schmuck-Schatulle mit 20 cm Durchmesser, ein Uhren-Case ($l = 24$ cm, $b = 4$ cm, $h = 2$ cm), eine 22 cm auf 7 cm große, 4,5 cm hohe Schatulle, sowie 3 quadratische Münzkästchen ($s = 6,6$ cm; $h = 1$ cm) in einem möglichst kleinen Schließfach verwahren lassen.
Skizziere die Lösung mit einem Schrägbild im Maßstab 1 : 3.

Hausbau

Dominik Huber wohnt mit seinen Eltern und seiner Schwester in einer kleinen 4-Zimmer-Wohnung. Da die Wohnung schon lange zu eng ist, haben sich Dominiks Eltern dazu entschlossen, ein eigenes Haus zu bauen. Auf der Suche nach einem geeigneten Grundstück ist die Familie am Stadtrand fündig geworden.

1 Die Gemeinde, in der das Grundstück liegt, gibt vor, dass die Grundfläche des Hauses höchstens 20 % der Grundstücksfläche einnehmen darf und außerdem zur Grundstücksgrenze einen Abstand von 3 m haben muss. Herr Huber hat eine maßstabsgetreue Zeichnung des Grundstücks angefertigt und testet nun die Möglichkeiten, wie das Haus darauf gebaut werden könnte. Zeichne eine davon.

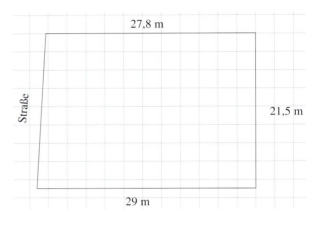

_____

_____

_____

2 **a)** Familie Huber muss für das Grundstück pro Quadratmeter einen Preis von 245 Euro bezahlen. Wie viel kostet das Grundstück?

_____

b) Beim Erwerb von Grundstücken muss keine Mehrwertsteuer (vgl. Seite 76) bezahlt werden, jedoch muss Grunderwerbssteuer in Höhe von 3,5 % des Grundstückspreises entrichtet werden.
Außerdem muss beim Kauf ein notarieller Kaufvertrag abgeschlossen werden. Dafür fallen beim Notar noch Kosten in Höhe von ca. 1,5 % des Kaufpreises (ohne Steuern) an.
Wie viel kostet das Grundstück inklusive dieser Nebenkosten?

_____

_____

3 Familie Huber engagiert einen Architekten, der das Haus entwerfen und planen soll. Nach mehreren Entwürfen und Änderungen hat sich die Familie für eine Version entschieden: Das Haus wird 8 m breit und 10,5 m lang, zwei Stockwerke hoch und soll einen Keller bekommen.
Der Architekt sagt, dass die Familie pro Kubikmeter Volumen, das das Haus einnehmen wird, mit Kosten von etwa 270 € zu rechnen hat.
Ermittle das Volumen des Hauses inklusive Dach und Keller und berechne, wie hoch die Baukosten ungefähr sein werden.

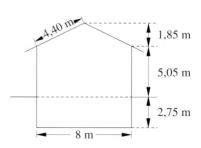

_____

_____

_____

4 Der Architekt verlangt ein Honorar in Höhe von 11 % der Baukosten. Diese Summe teilt sich auf in verschiedene Teilbeträge, die zu unterschiedlichen Zeitpunkten fällig werden: 27 % des Honorars müssen für die Entwurfsplanung gezahlt werden, 39 % erhält der Architekt dafür, die detaillierten Pläne für die Baufirmen zu erstellen und die Firmen zu beauftragen. Die restlichen 34 % fallen an für die Betreuung und Überwachung der Bauarbeiten.
Herr Huber kennt sich fachlich sehr gut aus und will deshalb die Bauarbeiten selbst begleiten. Wie viel Honorar muss dann an den Architekten bezahlt werden?

5 Dominiks Eltern haben einen Termin bei der Bank, um einen Kredit zu beantragen. Dazu müssen sie eine Aufstellung der geplanten Kosten sowie eine Zusammenstellung des Vermögens vorlegen

    a) Ergänze die Tabelle.

    b) Die Bank will höchstens 60 % der Gesamtkosten als Kredit bewilligen. Den Rest muss die Familie selbst aufbringen.
Zwei Drittel dieser Summe hat die Familie auf Sparkonten und mit festverzinslichen Wertpapieren zur Verfügung, 25 000 Euro will Dominiks Oma der Familie zum Hausbau schenken.
In Aktien sind zusätzlich noch etwa 58 000 Euro angelegt. Welcher Teil muss davon verwendet werden?

Grundstück + Nebenkosten	
Baukosten	
Architekt	
Garage	9 000 €
Sonstiges (Außenanlage, Gebühren etc.)	15 000 €
Reserve für Unvorhergesehenes	10 000 €
Kosten gesamt	

6 Da das Haus durch die Bauweise und technische Ausstattung ein Niedrigenergiehaus werden soll, stehen der Familie eventuell auch Fördergelder vom Staat zu. Im Antragsformular muss angegeben werden, wie hoch der Energieverlust durch die Gebäudehülle ist. Welche Werte müssen bei „Oberfläche zur Luft" (Wände und Dach) und „Oberfläche zur Erde" (Kellerwände und -boden) eingetragen werden?

7 **Zahlenrätsel:**
Stelle die Zahl 1 000 mit 5 Neunern dar.

Die Mehrwertsteuer

Bei allen gekauften Waren ist im Preis die **Mehrwertsteuer (MwSt)** enthalten, die der Verkäufer an den Staat abführen muss. Der gezahlte Preis (Bruttopreis) setzt sich also zusammen aus dem Grundpreis (Nettopreis), den der Verkäufer behält, plus Mehrwertsteuer. Diese beträgt in der Regel 19 % *vom Nettopreis*, für einige Waren wie Lebensmittel nur 7 %.

In der Regel sind alle Preise, die man in Supermärkten und Kaufhäusern sieht, Bruttopreise, so dass man die Steuer nicht mehr extra hinzu rechnen muss. In einigen Branchen, z. B. bei Handwerkern, sind genannte Preise aber oft Nettopreise.

Beispiel:

Ein Regal kostet 119 €, darin sind 19 € MwSt enthalten, der Nettopreis beträgt 100 €.

1 Ruppert war im Supermarkt und hat Taschentücher, ein Joghurtglas und Pflaumen gekauft. Er will gerne wissen, wie viel Steuern er dabei bezahlt hat, aber genau an den entscheidenden Stellen sind Flecken auf dem Kassenzettel.
Berechne die fehlenden Werte der Mehrwertsteuer.

```
        EMMAS LADEN
         HABICHTSTR. 3
     83071 STEPHANSKIRCHEN

TASCHENTUECHER      1,55  19
JOGHURT             0,99   7
PFAND 0,15 EUR      0,15   7
OBST/GEMUESE        1,99   7
SUMME      EUR      4,68   *
GEGEBEN  BAR        5,00
RÜCKGELD   EUR      0,32


MWST  19,00%              Nett
MWST   7,00%              Nett
SUMME MWST               Netto

Positionen:
```

2 Daniels Familie will sich die 9 m lange und 5 m breite Hauseinfahrt neu pflastern lassen und holt dafür von zwei Firmen Angebote ein. Der erste Anbieter verlangt pro Quadratmeter 21 Euro plus 19 % Mehrwertsteuer, der andere liegt bei 24,50 Euro inklusive MwSt pro Quadratmeter. Mit welchen Kosten muss die Familie rechnen?

3 Eine Elektro-Firma gewährt bei Zahlung einer Rechnung innerhalb von 10 Tagen 3 % **Skonto**, d. h. vom Rechnungsbetrag dürfen 3 % abgezogen werden, wenn rechtzeitig bezahlt wird.
Ist es für den Kunden besser, die 3 % vom Netto- oder vom Bruttopreis abzuziehen? Vergleiche den Unterschied an einem selbst gewählten Beispiel.

4 Am 1. Januar 2007 wurde die Mehrwertsteuer von 16 % auf 19 % angehoben. Um wie viel Prozent wurden Waren damit teurer?

Tipp:

Rechne ein konkretes Beispiel.

Das Tote Meer

Das Tote Meer grenzt an Israel, das Westjordanland und an Jordanien. Der tiefste Punkt des Sees liegt bei 794 m unter NN, die Wasseroberfläche liegt 418 m unter dem Meeresspiegel. Seine Ufer sind damit die tiefsten natürlichen Landflächen der Welt.
Der See hat einen sehr hohen Salzgehalt, da es keine natürlichen Abflüsse gibt und sich so angeschwemmtes Salz sammeln kann.
Weil die Wasserentnahme durch Menschen aus dem Meer und aus dem größten Zufluss, dem Jordan, in den letzten Jahrzehnten stark zugenommen hat, ist das Tote Meer langfristig vom Austrocknen bedroht. Die Oberfläche verkleinert sich von Jahr zu Jahr und der Wasserspiegel sinkt stetig, da mehr Wasser verdunstet, als wieder zufließt.

1 In den letzten Jahren sank der Wasserspiegel ständig, im Jahr 1970 war das Tote Meer noch um 7,5 % tiefer als heute. Auf welcher Höhe lag damals der Wasserspiegel?

_____

_____

2 Der See ist heute nur noch 55 km lang und 16 km breit. Rechnet man Länge mal Breite erhält man 55 km · 16 km = 880 km². Die Größe der Wasseroberfläche wird aber nur mit 600 km² angegeben. Wie kommt das?

_____

_____

3 **a)** Im Jahr 1930, als die Wassermenge noch weitgehend stabil blieb, war das Tote Meer ca. 1 050 km² groß und der Zufluss pro Jahr betrug etwa 1,2 Mrd. m³ Wasser. Wie viel Liter Wasser sind in einem Jahr pro Quadratmeter Oberfläche in etwa verdunstet? (Die geringen Niederschlagsmengen werden dabei vernachlässigt.)

_____

_____

b) Heute beträgt der Zufluss nur noch ungefähr 350 Mio. m³. Hätte man heute genau die Verdunstung pro Quadratmeter wie 1930, welche Zuflussmenge müsste man dann haben, um den heutigen Wasserstand stabil zu halten?

_____

_____

4 **Schüler-Sudoku:**
In dieses Sudoku müssen die Ziffern von 1 bis 6 eingetragen werden. Dabei darf in jeder Spalte und in jeder Zeile jede Ziffer nur einmal vorkommen. Außerdem darf auch in jedem 6er-Feld (2 × 3 Kästchen) jede Ziffer nur einmal vorkommen.

2				6	
					5
					6
	3	5		2	1
4	6			3	
	2				

Brüche würfeln

Mit zwei Würfeln kann man Brüche erzeugen, indem man die Augenzahl des ersten Würfels in den Zähler, die des zweiten Würfels in den Nenner setzt. Dabei wählt man entweder unterschiedliche Würfel, um sie unterscheiden zu können, oder man würfelt der Reihe nach.

Beispiel:

ergibt den Bruch $\frac{3}{2}$

1 Simon und Franziska würfeln abwechselnd Brüche. Simon erhält immer dann einen Punkt, wenn er einen periodischen Bruch würfelt, Franziska erhält für jeden endlichen Bruch einen Punkt. Wer wird wohl gewinnen?

2 Stell dir vor, dass du alle möglichen Brüche, die man mit zwei Würfeln erzeugen kann, auf einer Zahlengerade einträgst. Wie viele verschiedene Bildpunkte erhältst du dann?

3 Bei einem Würfelspiel wirft jeder Spieler mit einem Würfel 4-mal und bildet aus den Augenzahlen in der gewürfelten Reihenfolge die Differenz zweier Brüche. Der Wert der Differenz sind die Punkte, die sich der Spieler notieren darf.

Beispiel:

Anna wirft der Reihe nach 4-3-5-6, sie notiert

$\frac{4}{3} - \frac{5}{6} = \frac{8-5}{6} = \frac{1}{2}$ Punkt.

Leonhard wirft der Reihe nach 1-6-5-3, er notiert

$\frac{1}{6} - \frac{5}{3} = \frac{1-10}{6} = -\frac{3}{2}$ Punkte.

   a) Leonhard würfelte in fünf Runden die Augenzahlen 2-1-3-6, 6-3-2-1, 1-6-2-2, 5-3-4-2 und 6-2-5-6. Anna würfelte 2-3-4-6, 5-3-5-2, 6-1-6-3, 3-6-1-5 und 5-6-6-5. Wer gewann?

   b) Was ist das beste, was das schlechteste Ergebnis, das man werfen kann?

   c) Treten nach sehr vielen Versuchen mehr positive oder mehr negative Ergebnisse auf?

   d) Wie viele Möglichkeiten gibt es, 0 Punkte zu würfeln?

Rechenschlange

Beispiel:

Das erste Ergebnis *endet* mit 3, der Wert der römischen Zahl *beginnt* daher mit 3.

An dieser Rechenschlange kannst du dein Grundwissen der fünften und sechsten Klasse testen. Starte am Schwanz der Schlange und trage in jedes Kästchen eine Ziffer ein. Die letzte Ziffer eines Ergebnisses ist zugleich die erste Ziffer des nächsten Ergebnisses. Bei Dezimalzahlen erhält das Komma ein extra Kästchen. Einheiten, Prozentzeichen etc. werden nicht eingetragen. Viel Spaß!

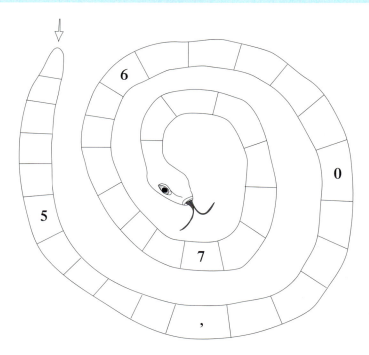

- Welches ist die nächstgrößere Primzahl nach 41?
- Welchen Wert hat die Zahl MMMDXLIX?
- Wie viele ganze Zahlen liegen zwischen -43 und 53?
- $-12 \cdot 8 + 147 = \ldots$?
- Wie viele Nullen hat die Zahl 1 Billion?
- Ein Winkel welcher Größe bleibt übrig, wenn man von einem Vollwinkel einen rechten Winkel herausschneidet?
- Wie viele Tonnen sind 1 kg?
- 5 Schüler ziehen 5 unterschiedliche T-Shirts an. Wie viele verschiedene Kombinationen gibt es dafür?
- Gib $\frac{1}{12}$ auf drei Dezimalen gerundet an.
- Ein Rechteck hat die Seiten $l = 12{,}1$ dm und $b = 4{,}7$ dm. Gib den Umfang in cm an.
- Kürze den Bruch $\frac{756}{660}$ vollständig. Trage Zähler und Nenner nacheinander ohne Bruchstrich ein.
- Wie viel Prozent sind 13 g von 25 g?
- Wie lautet der Hauptnenner von $\frac{15}{12}$ und $\frac{3}{7}$?
- Welches Volumen in mm³ hat ein Quader mit $l = 1{,}3$ dm, $b = 15$ cm und $h = 45$ mm?
- Die Größen a und b sind indirekt proportional. Verändert sich a von 13 auf 754, so verändert sich b von 6,96 auf $\ldots$?
- Ein Auto fährt eine Strecke von 43 km in 28 Minuten. Wie lange benötigen zwei Autos für dieselbe Strecke?

Tabellenkalkulation

Mithilfe von Tabellenkalkulationsprogrammen kann man mathematische Aufgaben oft einfach und zeitsparend bearbeiten, vor allem solche, bei denen immer wieder die gleichen Rechenschritte nötig sind.
Jedes Blatt einer Datei ist wie eine Tabelle in **Spalten** und **Reihen** aufgeteilt. Die Reihen sind nummeriert, die Spalten tragen Buchstaben, jedes Feld (genannt **Zelle**) bekommt dadurch einen eindeutigen Namen, z. B. ist die Zelle C2 das dritte Feld in der zweiten Reihe.

Tipp:

Lass dir die wichtigsten Arbeitstechniken kurz erklären, z. B. von deinen Eltern.

Hier zeigt dir ein Beispiel, wie man mithilfe der Tabelle periodische Dezimalbrüche erforschen kann:
Trage zunächst in der ersten Spalte untereinander der Reihe nach die natürlichen Zahlen bis etwa 20 ein, das werden die Zähler. In der ersten Zeile stehen die Zahlen, die im Nenner eines Bruchs periodische Dezimalzahlen ergeben können. (Die Zelle A1 bleibt leer).
Gehe nun zur Zelle B2 und trage dort die Formel „=A2/B1" ein und drücke die Enter-Taste. Die Zelle zeigt jetzt den Wert 0,33333.., das ist der Quotient

aus den Zellen A2 und B1 $\left(=\frac{1}{3}\right)$. Anschließend gibst du in der Zelle C2

die Formel „=A2/C1" und erhältst den Wert $\left(\frac{1}{6}=\right)0,16666667$.

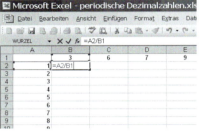

So kannst du fortfahren und dir alle Quotienten berechnen lassen. Das ist natürlich sehr mühselig und bringt noch keine Zeitersparnis gegenüber dem schriftlichen Rechnen.
Daher gibt es die Möglichkeit, Formeln zu kopieren. Versuche es, indem du die Formel aus der Zelle B2 nach B3 kopierst. Als Ergebnis erscheint 6.
Das ist nicht der Quotient aus 2 und 3, sondern der Quotient aus 2 und 0,333 33... Die Formel wurde so kopiert, dass wieder der Quotient aus der Zelle links und der Zelle darüber berechnet wird, aus „=A2/B1" wurde „=A3/B1". Um dies zu vermeiden, kann man in Formeln vor Buchstaben oder Zahlen ein Dollar-Zeichen ($) setzen, dann ändern sich diese beim Kopieren nicht:

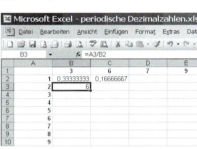

Klicke noch mal die Zelle B2 an und setze im Formelfeld (f$_x$) vor das A und die 1 jeweils das Dollarzeichen („=$A2/B$1") und kopiere die Formel jetzt nach B3. Dann erhältst du das Ergebnis 0,666 666 7.

Kopierst du nun diese Formel in eine beliebige Zelle, so wird immer der Quotient berechnet aus der Zahl am Anfang der gleichen Reihe und der Zahl ganz oben in der Spalte.

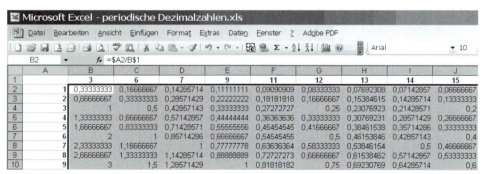

Nun kann es losgehen und du kannst suchen, was du Interessantes findest, z. B.:
- Wo ist das Ergebnis 0,333 333 3 außer in der Spalte B noch zu finden?
- Wann erhält man in der Spalte G endliche Dezimalzahlen?
- Wo kann man gemischt periodische Dezimalzahlen finden? Wie viele Stellen hat dabei die Vorperiode?
- Bei welchen Nennern kann man die Länge der Perioden nicht direkt ablesen?